Einfluss von HTC-Biokohle auf chemische und physikalische Bodeneigenschaften und Pflanzenwachstum

# Einfluss von HTC-Biokohle auf chemische und physikalische Bodeneigenschaften und Pflanzenwachstum

Dissertation

zur Erlangung des Doktorgrades

der Fakultät für Agrarwissenschaften

der Georg-August-Universität Göttingen

vorgelegt von

Ana Gajić

geboren in Bečej (Serbien)

Göttingen, Juli 2012

**Bibliografische Information der Deutschen Nationalbibliothek**
Die Deutsche Nationalbibliothek verzeichnet diese Publikation in der
Deutschen Nationalbibliografie; detaillierte bibliografische Daten sind im Internet
über http://dnb.d-nb.de abrufbar.
1. Aufl. - Göttingen : Cuvillier, 2012
Zugl.: Göttingen, Univ., Diss., 2012

978-3-95404-235-7

D 7

1. Referent: Prof. Dr. Bernward Märländer

2. Korreferent: Prof. Dr. Klaus Dittert

Tag der mündlichen Prüfung: 18.07.2012


Nonnenstieg 8, 37075 Göttingen
Telefon: 0551-54724-0
Telefax: 0551-54724-21
www.cuvillier.de


1. Auflage, 2012
Gedruckt auf säurefreiem Papier

978-3-95404-235-7

**Inhaltsverzeichnis**

Inhaltsverzeichnis

# Artikelverzeichnis

Folgende Artikel der vorliegenden Dissertation wurden bereits publiziert oder sind für eine Publikation vorgesehen:

Gajić, A., H.-J. Koch, B. Märländer (2011): HTC-Biokohle als Bodenverbesserer – Erste Ergebnisse aus einem Feldversuch mit Zuckerrüben. Zuckerindustrie 136 (12), 791–799.

Gajić, A. and Koch H.-J. (2012): Sugar beet (*Beta vulgaris* L.) growth reduction caused by hydrochar is related to nitrogen supply. Used with permission, from Journal of Environmental Quality 41, 1067–1075.

Gajić, A., H.-G. Ramke, A. Hendricks, H.-J. Koch (2012): Microcosm study on the decomposability of hydrochars in a Cambisol. Biomass and Bioenergy (in Press).

Gajić, A., B. Märländer, H.-J. Koch (2012): Wirkung von HTC-Biokohle auf physikalische Bodeneigenschaften, $CO_2$-Freisetzung und Pflanzenwachstum. Initiativen zum Umweltschutz der Deutschen Bundesstiftung Umwelt (in Press).

## Abkürzungsverzeichnis

Hier angegebene Abkürzungen wurden in den Kapiteln „Einleitung“, „Ackerbauliche Perspektive von HTC-Biokohle“ und „Zusammenfassung“ verwendet. In den Artikeln verwendete Abkürzungen wurden innerhalb des jeweiligen Artikels erläutert.

| | |
|---|---|
| Abb. | Abbildung |
| AS | Aggregatstabilität |
| BT | Biertreber |
| C | Kohlenstoff |
| C/N | Massenverhältnis des Gesamtkohlenstoffs und -stickstoffs |
| $CH_4$ | Methan |
| $CO_2$ | Kohlenstoffdioxid |
| EC | Elektrische Leitfähigkeit |
| EG | Europäische Gemeinschaft |
| GPV | Gesamtporenvolumen |
| HTC | Hydrothermale Carbonisierung |
| KAK | Kationenaustauschkapazität |
| Mio. | Million |
| N | Stickstoff |
| $N_2O$ | Distickstoffmonoxid |
| $N_{min}$ | Mineralischer Bodenstickstoff |
| RS | Rübenschnitzel |
| t | Tonne |
| Tab. | Tabelle |
| THG | Treibhausgase |
| TM | Trockenmasse |
| WHK | Wasserhaltekapazität |

# Tabellenverzeichnis

## Tabellen in Artikel 1



## Tabellen in Artikel 2

## Tabellen in Artikel 3



## Tabellen in Artikel 4



## Tabellen in Ackerbauliche Perspektive von HTC-Biokohle

# Abbildungsverzeichnis

## Abbildungen in Einleitung



## Abbildungen in Artikel 1

## Abbildungen in Artikel 2

## Abbildungen in Artikel 3

## Abbildungen in Artikel 4



## Abbildungen in Ackerbauliche Perspektive von HTC-Biokohle

# 1. Einleitung

## Hintergrund

Die exponentiell ansteigende Weltbevölkerung und die damit verbundenen Ernährungs- bzw. Konsumanforderungen führen zu zunehmend umfangreichen Veränderungen der Landnutzung. In vielen Ländern der Welt sind dies Intensivierung wie auch Nutzungsaufgabe, Nähr- und Schadstoffeinträge sowie eine direkte Zerstörung von Lebensräumen. Durch zum Beispiel Überweidung, Entwaldung, Übernutzung der Vegetation sowie landwirtschaftliche und industrielle Aktivitäten kommt es zu einer beschleunigten Degradation des Bodens, wodurch die ökologisch-agronomischen Bodenfunktionen (Struktur und Stabilität des Bodens, Wasserrückhaltevermögen, Nährstoffspeicherung, -pufferung und -umsatz, biologische Aktivität) bzw. die Bodenfruchtbarkeit negativ beeinflusst werden. Um den steigenden Lebensmittelbedarf in Zukunft sichern und die Bodenfruchtbarkeit erhalten zu können, bedarf es weltweit einer produktiven aber auch nachhaltigen Landbewirtschaftung.

Das Bestreben vieler Industriestaaten liegt darin, unabhängiger von den fossilen und damit endlichen Energieträgern zu werden und gleichzeitig den Kohlenstoffdioxid-Ausstoß zu senken und damit den Klimawandel zu vermindern. Hierzu hat die Europäische Union im Rahmen der Klimaschutz- und Energiepolitik bis 2020 folgende Hauptziele definiert: Senkung der Treibhausgasemissionen, Steigerung der Nutzung erneuerbarer Energiequellen (Wind, Sonne, Biomasse usw.), und Senkung des Energieverbrauches durch Verbesserung der Energieeffizienz (RICHTLINIE 2009/28/EG). Als Konsequenz hat die Biomassenutzung für die Energieerzeugung in den letzten Jahren besonders in Deutschland in starkem Maße zugenommen (Abb. 1). Die verwendete Biomasse setzt sich sowohl aus Energiepflanzen, also Pflanzen, die speziell für die energetische Nutzung angebaut werden (Mais, Raps, Zuckerrüben), als auch aus landwirtschaftlichen Reststoffen (Stroh, Ernterückstände, tierische Abfälle) zusammen. Gegenüber der Nutzung von Energiepflanzen, bietet die Nutzung von Reststoffen den Vorteil, dass keine zusätzlichen Anbauflächen benötigt werden und damit keine Konkurrenz zur Nahrungsmittelproduktion auftritt.

Die im Ackerbau eingesetzten Kulturen und damit verbundenen pflanzenbaulichen Maßnahmen nehmen auch Einfluss auf den Humushaushalt des Bodens: Der Abbau von Humus wird durch den Anbau humuszehrender Fruchtarten (Kartoffeln, Silomais, Zuckerrüben), insbesondere aber durch die Abfuhr von Ernterückständen (Stroh, Rübenblatt, Kartoffelkraut) begünstigt. Ein Absinken des Humusgehaltes wirkt sich negativ auf mehrere der oben genannten Bodenfunktionen aus.

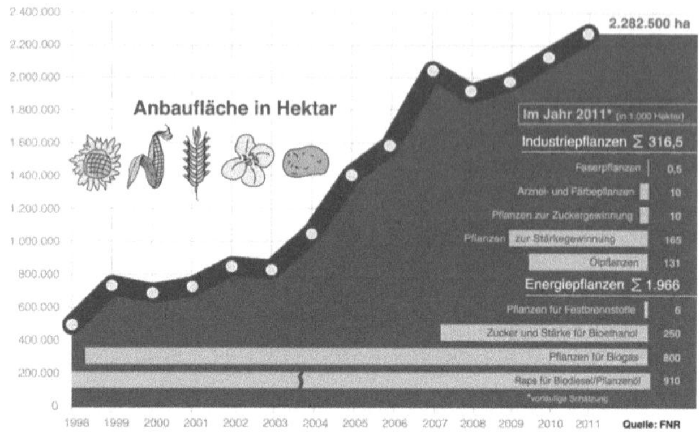


***Abb. 1.** Anbau nachwachsender Rohstoffe in Deutschland (FNR, 2011)*

Mittel- und langfristig kann dadurch auch die Anfälligkeit des Bodens gegenüber Erosion, Verdichtung, Versalzung, Nährstoffmangel und Austrocknung steigen. Ohne einen angemessenen Humusersatz gerät die Biomassenutzung somit in Widerspruch zur guten fachlichen Praxis der landwirtschaftlichen Bodennutzung (BBodSchG 1998, § 17). Eine ausgeglichene Humusbilanz kann durch entsprechende standortangepasste Bodenbearbeitungssysteme, Begrünungsmaßnahmen mit Zwischenfrüchten und Untersaaten und insbesondere eine hinreichende Zufuhr von organischen Materialien durch Rückführung von Ernterückständen oder der Zufuhr von Wirtschaftsdüngern (Gülle, Kompost, Festmist) bzw. Gärrückständen und Erzeugnissen aus Klärschlamm erreicht werden.

Bleibt dies aus den aufgezeigten Gründen aus, müssen alternative Möglichkeiten zur Vermeidung des Humusabbaus gefunden werden.

In Deutschland fallen jährlich rund 100 Millionen (Mio.) Tonnen Trockenmasse (TM) pflanzlicher Rest- und Abfallstoffe (Bioabfälle) an: Diese stammen aus der Land- (59 Mio. t TM) und Forstwirtschaft (31 Mio. t TM), der Lebensmittelindustrie (2 Mio. t TM), der Biotop- und Landschaftspflege (3 Mio. t TM) und den Kommunen (2 Mio. t TM) (Schuchardt und Vorlop, 2010). Sie können als Futtermittel in der Tierhaltung, als nachwachsende Rohstoffe für die Energieerzeugung, oder eben zur Erhaltung der Bodenfruchtbarkeit und Kohlenstoffsequestrierung verwendet werden. Trotz des großen Biomasseanfalls in Deutschland besteht auf dem Markt zwischen den verschiedenen Verwendungsmöglichkeiten dieser Bioabfälle eine teilweise starke Nutzungskonkurrenz.

Die Energie aus Bioabfällen wird üblicherweise durch Verbrennung, Vergasung oder Vergärung erzeugt. Dadurch wird nur soviel Kohlenstoff freigesetzt, wie die Pflanzen vorher während der Photosynthese aufgenommen haben; daher gilt Bioabfall beim Umwandlungsprozess als „$CO_2$-neutral“. Für die Verbrennung ist die Trocknung der Bioabfälle wichtige Voraussetzung. Dies ist üblicherweise für besonders wasserhaltige Bioabfälle nicht energieeffizient. Für Bioabfälle mit geringer Methan- bzw. Gasausbeute fällt in der Regel auch die Verwertung über Vergärung weg, so dass dafür häufig nur die Kompostierung bleibt. Kompost könnte zu einem ausgeglichenen Humushaushalt beitragen. Dennoch birgt die Kompostierung Nachteile: Der weitaus überwiegende Teil des in dem Bioabfall gebundenen Kohlenstoffs wird während der Kompostierung durch Mikroorganismen schnell zu Kohlenstoffdioxid ($CO_2$) umgewandelt. Dieser Kohlenstoff geht der Kohlenstoffsequestrierung bzw. dem Humusaufbau verloren.

Um das gesamte Biomassepotenzial vernünftig in Bezug auf gesellschaftliche, politische und ökologische Anforderungen zu nutzen, sollten alternative Umwandlungsverfahren der Biomasse/Bioabfälle entwickelt werden. Eine Möglichkeit könnte die Hydrothermale Carbonisierung sein.

## Hydrothermale Carbonisierung

Bei dem exothermen Prozess der Hydrothermalen Carbonisierung (HTC) handelt es sich um eine wässrige Verkohlung von organischen bzw. pflanzlichen Ausgangsmaterialien, die bei erhöhter Temperatur (180–250 °C) und entsprechend erhöhtem Druck innerhalb von 4–12 Stunden abläuft (Titirici et al., 2007). Prinzipiell ist die HTC vergleichbar mit dem natürlichen Inkohlungsprozess von organischem Material (Neubauer und Behrendt, 2007). Der Prozess der Inkohlung kann mit diesem Verfahren von mehrere Millionen Jahre auf wenige Stunden reduziert werden und einen klimaneutralen Brennstoff erzeugen. Da die Konversion bei der HTC in wässrigem Milieu stattfindet, können die Ausgangsmaterialien einen hohen Wassergehalt aufweisen. Damit bietet das HTC-Verfahren einen wesentlichen Vorteil im Vergleich zur Pyrolyse, welche ein ähnliches Verfahren zur Herstellung von Biokohle darstellt, aber ausschließlich ausreichend trockene Biomasse nutzen kann.

Nach Ablauf der HTC-Reaktion entsteht eine Suspension mit meist verteilten Kolloidpartikeln (HTC-Biokohle), die bezüglich ihrer elementaren Zusammensetzung und ihres Brennwertes als braunkohleähnlich einzuordnen sind (Abb. 2). Der Begriff HTC-Biokohle bezieht sich auf (i) das Verfahren der Hydrothermalen Carbonisierung, (ii) das Ausgangsmaterial, das aus allen denkbaren organischen Materialien besteht und (iii) das Festprodukt, welches kohleartig ist.

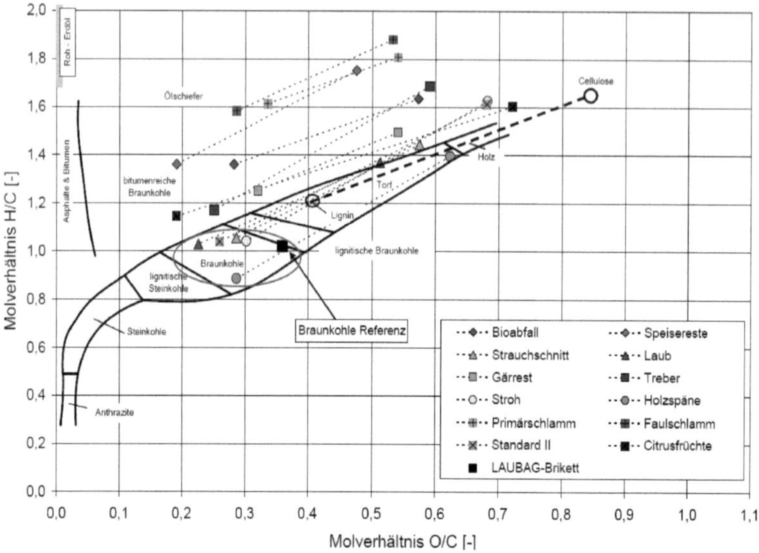


***Abb. 2.** Vergleichbarkeit von HTC-Biokohle aus verschiedenen Ausgangsmaterialien mit natürlich entstandenen Stoffen mittels Inkohlungsdiagramm (Van-Krevelen-Diagramm): Die HTC-Prozessintensität ist durch die Reaktionsstrecke, der Verbindung der Werte der Ausgangsmaterialien und der Werte der HTC-Biokohle, in Vektorform dargestellt (RAMKE und BLÖHSE, 2010).*

Da die HTC über mehrere Stunden verläuft, können während der Reaktion Zwischenstoffe entstehen, die Torf oder Kompost sehr ähnlich sind (Abb. 2). Bei der Untersuchung von HTC-Biokohlen, hergestellt aus Modellstoffen wie Zellulose, Glukose und Hemizellulose sind kugelförmige Partikel im Mikrometerbereich bzw. poröse Strukturen mit großer aktiver Oberfläche beobachtet worden (SEVILLA und FUERTES, 2009; FUERTES et al., 2010; SEVILLA et al., 2011). Es wird vermutet, dass HTC-Biokohle eine erhöhte Stabilität gegen mikrobiellen Abbau aufweisen könnte (FUERTES et al., 2010; SEVILLA et al., 2011). Deswegen erwartet man, ähnlich wie bei der Ausbringung von Kompost, dass HTC-Biokohle zum Humusaufbau beitragen und die Bodeneigenschaften verbessern kann (GLASNER et al., 2011; LIBRA et al., 2011).

Betrachtet man die Kohlenstoffeffizienz des Kompostierungs- und HTC-Verfahrens, so wird berichtet, dass die Ausbeute des mit den Bioabfällen zugeführten Kohlenstoffes bei der HTC 90–100 % beträgt, wohingegen beim Kompostieren nur 20–25 % des vorhandenen Kohlenstoffs im Endprodukt gebunden bleiben (BRANDT, 2009). Somit könnte die HTC als Umwandlungsprozess von Bioabfällen zu einer Reduzierung der Treibhausgasemissionen, sowie zur Kohlenstoffsequestrierung durch Einbringen von HTC-Biokohle in Böden beitragen (LIBRA et al.,

2011; GLASNER et al., 2011). Allerdings ist bisher nicht bekannt, mit welchem Ausgangsmaterial und welcher Prozessführung eine für die Bodenverbesserung optimierte HTC-Biokohle hergestellt werden kann.

Die Hydrothermale Carbonisierung bietet ein erhebliches Potenzial, einen umweltfreundlichen Stoff zur Erhaltung des Humusgehaltes und somit der Bodenfruchtbarkeit von landwirtschaftlich genutzten Flächen zu erzeugen.

## Zielsetzung

Im Rahmen des durch die Deutsche Bundesstiftung Umwelt geförderten Verbundprojektes „Rezyklierung organischer Abfälle nach hydrothermaler Carbonisierung (HTC) auf landwirtschaftlichen Flächen zur Bodenverbesserung und C-Sequestrierung" (Abb. 3), war es Ziel dieser Arbeit, die Wirkung unterschiedlicher HTC-Biokohlen auf chemische und physikalische Bodeneigenschaften sowie das Pflanzenwachstum auf typischen deutschen Ackerböden zu quantifizieren und so zu einer Bewertung der Eignung von HTC-Biokohle für die ackerbauliche Anwendung beizutragen.

Zusätzlich wurde betrachtet, wie sich aus verschiedenen Ausgangsmaterialien und durch variierte Prozessführung hergestellte HTC-Biokohletypen in ihrer Wirkung auf oben angegebene ackerbaulich bedeutsame Kenngroßen unterscheiden.

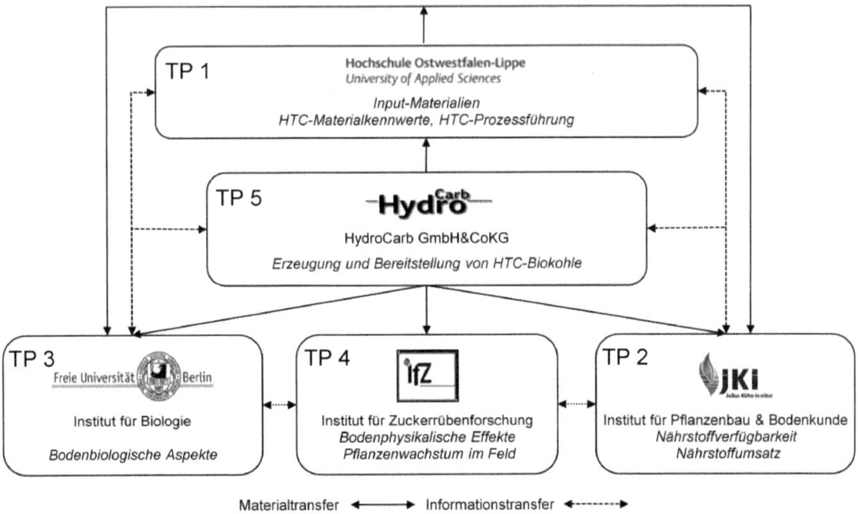


***Abb. 3.*** *Struktur des Verbundprojektes (TP = Teilprojekt)*

Zur HTC-Biokohle-Herstellung wurden die Ausgangsmaterialien Rübenschnitzel (RS) und Biertreber (BT) aufgrund ihrer Homogenität und Verfügbarkeit als Modell-Lignozellulose-Stoffe ausgewählt.

## Bemerkungen zur Durchführung der Studie und Belastbarkeit der Ergebnisse

Im Rahmen des Teilprojektes „Bodenphysikalische Effekte und Pflanzenwachstum im Feld“ innerhalb des Verbundprojektes waren Feldversuche mit Zuckerrüben als Prüffrucht ursprünglich an zwei Standorten (Braunerde, Braunschweig; Parabraunerde, Göttingen) und in zwei Vegetationsjahren (2010; 2011) als Untersuchungsbasis vorgesehen. Ein erster Vorversuch mit Sommergerste als Prüffrucht sollte zur Abschätzung der Wirkung von HTC-Biokohle in der Nähe von Göttingen im Frühjahr 2009 angelegt werden. Für beide Feldversuche war eine Anwendung von unterschiedlich hergestellten HTC-Biokohlen (10 t TM $ha^{-1}$) sowie eine mehrfach gestufte Stickstoffdüngung zur Prüfung einer möglichen N-Immobilisation geplant. Die Effekte sollten vergleichend zu einer unbehandelten Kontroll- sowie einer Kompostvariante quantitativ sowie qualitativ betrachtet werden.

Aufgrund technisch und organisatorisch bedingter Verzögerungen bei der Herstellung der HTC-Biokohle, konnte der für Anfang 2009 vorgesehene Vorversuch erst im Herbst 2009 mit Winterweizen und mit nur einer HTC-Biokohlevariante in einer Menge von 7,5 t TM $ha^{-1}$ durchgeführt werden. Darüber hinaus konnte in der Vegetationszeit 2010 nur einer von zwei geplanten Feldversuchen in erheblich eingeschränktem Umfang und mit einem nicht üblichen Ausbringungstermin der HTC-Biokohle, nämlich im Frühjahr des Vegetationsjahres statt im Herbst des Vorjahres, angelegt und durchgeführt werden. Im April 2010 wurde deshalb nur der Feldversuch in der Nähe von Göttingen angelegt. Zwar konnte die Ausbringungsmenge der HTC-Biokohle bzw. des Komposts bei 10 t TM $ha^{-1}$ wie vorgesehen erreicht werden, allerdings war dies nur durch eine Reduzierung der Anwendungsfläche möglich, was zu einem eingeschränkten Untersuchungsumfang führte. So betrug die Parzellengröße (HTC-Biokohle x Stickstoffstufe) bei den Varianten Kompost und Kontrolle 100 % (56,7 $m^2$), HTC $RS_{4/190}$ 80 %, HTC $RS_{12/190}$ 60 %, HTC $BT_{12/190}$ 50 %. Bei Anwendung auf der Versuchsfläche wurde die HTC-Biokohle bzw. der Kompost in frischem Zustand gleichmäßig oberflächig verteilt, jedoch war eine Einarbeitung zu diesem Zeitpunkt nicht möglich, da die HTC-Biokohle einen hohen Wassergehalt aufwies (Abb. 4a). Um eine Verschleppung der HTC-Biokohle mit den eingesetzten Maschinen zu vermeiden, wurde die Einarbeitung verzögert. Nach 10-tägiger Lufttrocknung des Materials kam es zur Ausbildung von Klumpen, welche vor der Einarbeitung manuell nicht zerkleinert wurden und dadurch eine heterogene Verteilung der HTC-Biokohle im Boden verursachten (Abb. 4b). Daraus resultierend kam es zu einer sehr heterogenen Entwicklung der Zuckerrübenpflanzen auf den HTC-Biokohleparzellen innerhalb einer Stickstoffstufe (Abb. 4c).

In Ermangelung ausreichender HTC-Biokohle-Mengen musste auf die geplante HTC-Ausbringung in zweiten Versuchsjahr verzichtet werden. Durch den Ausfall des zweiten Versuchsjahres und des zweiten Standortes und somit relevanter zweijähriger bzw. zweiortiger Datensätze, wurde eine Umstellung des Arbeitsschwerpunktes von den Feldversuchen auf Labor- und Gewächshausversuche vorgenommen.

Bei der Untersuchung des Effektes von HTC-Biokohle auf das Pflanzenwachstum wurden zahlreiche Gewächshausversuche mit verschiedenen Pflanzenarten (Zuckerrüben, Sommergerste) und unterschiedlichen Böden (Sand, Löss) angelegt. Eine homogene Verteilung der Kohlepartikel bzw. gleichmäßiges Pflanzenwachstum innerhalb der 1-kg-Gefäße wurde durch die Trocknung (105 °C) und Vermahlung der HTC-Biokohle ($\leq$ 0,5 mm) vor der Einmischung erreicht.

Ergänzend zum Feldversuch (Abb. 5a) wurden zur Betrachtung der Abbaustabilität von unterschiedlich hergestellten HTC-Biokohlen und Referenzmaterialien (Fertigkompost, Weizenstroh, Weißtorf, pyrogene Biokohle) zwei Labor-Mikrokosmos-Versuche angelegt. Im ersten Mikrokosmos-Versuch wurden ähnliche Messgefäße (Weißblecheimer) wie im Feld eingesetzt. Die aus diesem Versuch hervorgegangenen Ergebnisse mussten verworfen werden, da das Verhältnis zwischen Boden- und verfügbarem Luft- bzw. Sauerstoffvolumen nicht optimal angepasst war. Deswegen wurde ein weiterer Mikrokosmos-Versuch durchgeführt (Abb. 5b). Zusätzlich konnte hier ein für die Abbauintensität möglicherweise limitierender Effekt, nämlich N-Mangel ausgeschlossen werden: Für HTC-Biokohlevarianten mit den höchsten erwarteten Abbauraten wurden zusätzliche Varianten mit durch N-Zugabe ausgeglichenem C/N-Verhältnis (äquivalent zur Kontrollvariante) angelegt. Da sowohl aus den Varianten mit als auch ohne angepasstem C/N-Verhältnis gleiche Kohlenstoffdioxidmengen freigesetzt wurden, kann davon ausgegangen werden, dass keine N-Limitierung der Umsetzungsprozesse vorlag.

Ein weiterer Aspekt der Untersuchung war, die Effekte von HTC-Biokohle auf bodenphysikalische Eigenschaften zu quantifizieren. Da im Feldversuch (Abb. 5c) kein Effekt, weder durch HTC-Biokohle- noch durch Kompostzufuhr (Ausbringungsmenge 10 t TM $ha^{-1}$) auftrat, bestand eine große Herausforderung darin, das Wasserhaltevermögen unter Laborbedingungen mit höheren Anwendungsmengen (äquivalent zu 30–60 t TM $ha^{-1}$) zu untersuchen. In einem ersten Versuch wurde die Trocknung und Vermahlung der HTC-Biokohle vor der Einmischung durchgeführt und

***Abb. 4.*** *Anwendung von HTC-Biokohle (10 t TM ha$^{-1}$) im Feld (Hevensen, 2010): a) Verklebung der HTC-Biokohle, b) Formierung der HTC-Klumpen während der Lufttrocknung, c) heterogene Entwicklung der Zuckerrüben innerhalb der $N_0$ Stufe der HTC-Biokohlevariante, d) Entwicklung der Zuckerrüben innerhalb der HTC-Biokohlevariante*

***Abb. 5.*** *Messung der Kohlenstoff-Freisetzung mittels Natronlauge-Methode (a, b) bzw. Bodenprobenahme mittels Stechzylinder für die Bestimmung der Wasserhaltekapazität (c, d) unter Feld- und Laborbedingungen*

die Stechzylinder wurden mit der Mischung (Boden und HTC-Biokohle) auf eine gezielte Trockenrohdichte manuell eingefüllt.

Dadurch kam es zu einer nicht repräsentativen Beurteilung des Effektes auf die Wasserhaltekapazität der Böden unter Feldbedingungen: (i) in der Regel wird die Trockenrohdichte durch die Zufuhr von organischen Materialien gesenkt, (ii) durch die Vermahlung der HTC-Biokohle wird die Porengrößenverteilung der Böden beeinflusst. Um diese Problematik zu umgehen, wurde ein Verfahren zur quasi-in-situ Erfassung der Wasserhaltekapazität entwickelt (Abb. 5d).

Im Rahmen des Verbundprojektes waren drei Teilprojekte (TP 2, TP 3, TP 4) von der verspäteten Lieferung und dem Mangel an HTC-Biokohle für die anwendungsbezogene Forschung stark betroffen. Aufgrund des unterschiedlichen Beginns der Forschungsaktivitäten der im Projekt verbundenen Teilprojekte, kam es teilweise zu Überschneidungen von Forschungsschwerpunkten: Die fortschreitenden Teilprojekte konnten die Erkenntnisse anderer Teilprojekte nicht rechtzeitig als Ergänzung bzw. Unterstützung der eigenen Ergebnisse nutzen, sondern mussten selber in deren Forschungsschwerpunkte eingreifen. Insgesamt haben wir versucht, trotz der nicht immer einfachen Situation, das beste daraus zu machen, um zeitnah qualitative Aussagen in Bezug auf die vordefinierten Ziele treffen zu können.

## Aufbau der Arbeit

Die behandelten Aspekte und Fragestellungen im Zusammenhang mit einer ackerbaulichen Anwendung von HTC-Biokohle werden nachfolgend in Form von vier Artikeln vorgestellt.

Der erste Artikel „HTC-Biokohle als Bodenverbesserer – Erste Ergebnisse aus einem Feldversuch mit Zuckerrüben" wurde in der Zeitschrift „Zuckerindustrie" veröffentlicht. Hierbei wurden erste Erfahrungen mit der Anwendung von HTC-Biokohle im Vergleich zu Kompost auf einem typischen deutschen Ackerbaustandort dargestellt. Es wurde erwartet, dass die Anwendung von HTC-Biokohle vergleichbar positive Effekte wie die Kompostausbringung auf das Zuckerrübenwachstum hat und dies durch die Verbesserung der Bodeneigenschaften bedingt war.

Im zweiten Artikel „Sugar Beet (*Beta vulgaris* L.) Growth reduction caused by hydrochar is related to nitrogen supply" veröffentlicht im „Journal of Environmental Quality", erfolgte eine detaillierte Betrachtung von Ursachen der frühen Wachstumshemmung der Zuckerrübe durch HTC-Biokohle. Diesmal wurden neben weiteren Ergebnissen aus dem Feldversuch auch Ergebnisse eines ergänzenden Gewächshausversuches berücksichtig. Hypothese war, dass die Anwendung von HTC-

Biokohle das Jugendwachstum von Zuckerrüben vor allem durch eine veränderte Pflanzenverfügbarkeit von Stickstoff, vermutlich infolge mikrobiell bedingter Immobilisierung und Remineralisierung, beeinflusste.

Der dritte Artikel „Microcosm study on the decomposability of hydrochars in a Cambisol", wurde bei der Zeitschrift „Biomass and Bioenergy" veröffentlicht. Gegenstand dieses Artikels war die Untersuchung des Effektes der Prozessführung bei der Herstellung von HTC-Biokohle auf ihre Abbaustabilität in sandigem Boden. In Bezug auf diese Versuchsfrage wurde davon ausgegangen, dass eine erhöhte Temperatur und längere Dauer der Carbonisierung zu zunehmender Stabilität der HTC-Biokohle im Boden führt.

Der vierte Artikel „Wirkung von HTC-Biokohle auf physikalische Bodeneigenschaften, $CO_2$-Freisetzung und Pflanzenwachstum" wurde als Tagungsbeitrag in „Initiativen zum Umweltschutz" der Deutschen Bundesstiftung Umwelt publiziert. Im Mittelpunkt dieses Artikels stand die Frage, wie eine Anwendung von HTC-Biokohle in praxisrelevanter Menge (10–60 t TM $ha^{-1}$) chemische und physikalische Eigenschaften von Löss- und Sandböden beeinflusst. Hypothese war hier, dass HTC-Biokohle positive Effekte auf die Eigenschaften des Bodens hat und, dass diese Effekte abhängig von der Anwendungsmenge sowie der Prozessführung der HTC-Biokohle sind.

Den Artikeln folgt eine Zusammenfassung aktueller Forschungsergebnisse, mit dem Ziel, Möglichkeiten und Grenzen der ackerbaulichen Anwendung von HTC-Biokohle aufzuzeigen.

## 2. Artikel 1. HTC-Biokohle als Bodenverbesserer – Erste Ergebnisse aus einem Feldversuch mit Zuckerrüben

Ana Gajić, Heinz-Josef Koch, Bernward Märländer

**Abstrakt**

Durch hydrothermale Karbonisierung (HTC) erzeugte Biokohle könnte die zunehmende Abfuhr pflanzlicher Biomasse vom Acker im Sinne einer ausgeglichenen C-Bilanz kompensieren und zusätzlich aufgrund erwarteter Abbaustabilität zur C-Sequestrierung beitragen. Ziel der vorliegenden Untersuchungen war eine erste landbauliche Bewertung von HTC-Biokohle als Bodenverbesserer. Dazu wurden im Frühjahr 2010 in einem Feldversuch auf einer Parabraunerde bei Göttingen zwei HTC-Biokohlen (C/N 16, 38) in einer Menge von 10 t $ha^{-1}$ (TM) ausgebracht. Unmittelbar anschließend wurden unterschiedlich mit N gedüngte (4 Stufen, 0–150 kg N $ha^{-1}$) Zuckerrüben angebaut. Die HTC-Biokohlen hatten keine Wirkung auf die untersuchten chemischen und physikalischen Bodeneigenschaften. Bereits nach drei Monaten waren 12 % des mit der HTC-Biokohle zugeführten Kohlenstoffs als $CO_2$ freigesetzt. Der Bereinigte Zuckerertrag war im Vergleich zur Kontrolle vermindert, wenn die HTC-Biokohle ein weites C/N-Verhältnis aufwies und kein N appliziert wurde. Die vorliegende Arbeit zeigt, dass HTC-Biokohle vor allem die N-Verfügbarkeit vermutlich durch mikrobielle Umsetzungsprozesse beeinflusst.

**Schlagwörter:** hydrothermale Karbonisierung, Stickstoffverfügbarkeit, Kohlenstoffsequestrierung, bodenphysikalische Eigenschaften, Ertrag

### Einleitung

Heute, im beginnenden Bioenergie-Zeitalter, kommt es zunehmend zu einer umfangreichen Biomasseabfuhr von Feldern für die Energieerzeugung (Elektroenergie, thermische Energie, Kraftstoffe). Ohne einen angemessenen Ersatz dürfte deshalb mittel- und langfristig ein deutliches Sinken des Humusgehaltes vieler Ackerflächen zu erwarten sein, wodurch die ökologisch-agronomischen Bodenfunktionen (Bodenstruktur, Wasserinfiltration, Erosionsschutz, Nährstoffspeicherung und -pufferung) negativ beeinflusst werden. Zur guten fachlichen Praxis des landwirtschaftlichen Bodenschutzes (BBodSchG 1998, § 17) gehört es deshalb, „den standorttypischen Humusgehalt des Bodens, insbesondere durch eine ausreichende Zufuhr an organischer Substanz oder durch Reduzierung der Bearbeitungsintensität zu erhalten". In einer typischen Fruchtfolge (Zuckerrüben – Winterweizen – Winterweizen) hat die Zuckerrübe (*Beta vulgaris* L.) humuszehrende Wirkung, wohingegen Stroh oder Wirtschaftsdünger den Humusaufbau fördern. Somit ist in Zuckerrüben-Fruchtfolgen für eine ausgeglichene Humusbilanz eine hinreichende Zufuhr von organischen Materialien zwingend erforderlich (Deumelandt und Christen, 2008). Nach Märländer et al. (2003) werden organische Dünger im deutschen Zuckerrübenanbau entweder als Stallmist (ca. 15 % der Fläche), Gülle (25 %) oder als Geflügelmist, Kompost und Klärschlamm (5 %) ausgebracht. In der Regel werden bodenphysikalische Eigenschaften durch die Ausbringung organischer Materialien verbessert (Khaleel et al., 1981; Dexter, 1988); Art und Größe dieser Effekte sind von Menge, Art und Partikelgröße der zugeführten organischen Materialien abhängig (Nelson und Oades, 1998).

In Deutschland fallen jährlich etwa 70 Mio. t organische Trockensubstanz aus Rest- und Abfallstoffen an (Röthlein, 2006), die bislang kompostiert und vorwiegend auf landwirtschaftlichen Flächen ausgebracht werden. Bei der Kompostierung ist nachteilig, dass der weitaus überwiegende Teil des Kohlenstoffs des Ausgangsmaterials durch Mikroorganismen zu Kohlenstoffdioxid und Methan umgewandelt wird, welche erheblich zum Treibhauseffekt beitragen (Brandt, 2009). Demgegenüber beträgt die Ausbeute des zugeführten Kohlenstoffs bei der hydrothermalen Karbonisierung (HTC) bis zu 100 % in der festen und flüssigen Phase der erzeugten Biokohle (Röthlein, 2006).

Die HTC vollzieht die natürliche Verkohlung von Biomasse technisch nach (Neubauer und Behrendt, 2007). Dabei findet die Konversion in wässriger Phase unter erhöhter Temperatur und erhöhtem Druck (180–220 °C; 18–22 bar) innerhalb weniger Stunden statt (Titirici et al., 2007; Hu et al., 2010; Fuertes et al., 2010). Bislang sind jedoch die physikalischen, chemischen und biologischen Eigenschaften von HTC-Biokohle und deren Effekte im Boden nicht ausreichend bekannt. In Analogie zu pyrolytischer Biokohle[1] vermutet man, dass HTC-Biokohle aufgrund ihrer porösen Struktur eine große aktive Oberfläche und in Verbindung mit einer hohen Abbaubeständigkeit bodenverbessernde Eigenschaften aufweist. Pyrolytische Biokohle kann im kombinierten Einsatz mit organischen und anorganischen Düngemitteln bodenphysikalische Eigenschaften, die Nährstoffverfügbarkeit und somit den Pflanzenertrag verbessern (Rondon et al., 2007; Chan et al., 2008; Rillig et al., 2010).

---

[1] Druckfreie thermo-chemische Spaltung organischer Verbindungen bei Temperaturen $\geq$ 350 °C in sauerstoffarmem Milieu.

Durch einen hohen Gehalt an aromatischen Kohlenwasserstoffen und ein weites C/N-Verhältnis lässt HTC-Biokohle eine hohe Stabilität gegen mikrobiellen Abbau erwarten (Gleixner et al., 2002; Spokas et al., 2009, Kimetu und Lehmann, 2010) und kann somit zur C-Sequestrierung und einer verbesserten Stickstoffnutzungseffizienz beitragen (Lehmann et al., 2003; Chan et al., 2007; Steiner et al., 2008; Steinbeiss et al., 2009). Andererseits zeigten mehrere Studien ein großes N-Immobilisierungspotenzial bei Substraten, die reich an leicht verfügbarem Kohlenstoff sind (Leifeld et al., 2002; Kuzyakov und Bol, 2006). Weiterhin können durch die Auswahl der Ausgangsmaterialien und die Gestaltung der Prozessführung die Eigenschaften der HTC-Biokohle stark differieren (Novak et al., 2009; Keiluweit et al., 2010) und müssen entsprechend dem Zweck der Anwendung auf landwirtschaftlichen Flächen angepasst werden. So konzipiert könnte HTC-Biokohle als Humusersatzstoff die zunehmende Abfuhr von Pflanzenresten vom Feld kompensieren und gleichzeitig zur C-Sequestrierung beitragen.

Übergeordnetes Ziel der vorgestellten Untersuchungen war es, eine erste landbauliche Bewertung von HTC-Biokohle als Bodenverbesserer auf einem typischen deutschen Ackerbaustandort vorzunehmen. In einem Feldversuch mit Zuckerrüben wurde die Hypothese geprüft, dass die Anwendung von HTC-Biokohle vergleichbar positive Effekte wie Kompost auf das Pflanzenwachstum hat und dies durch die Verbesserung der Eigenschaften des Bodens bedingt ist.

## Material und Methoden

### Versuchsdurchführung

Im Jahr 2010 wurde ein Versuch auf einer Parabraunerde aus Löss in Hevensen ca. 15 km nördlich von Göttingen angelegt. Die mittlere jährliche Niederschlagsmenge beträgt 645 mm und die Lufttemperatur 8,7 °C. Der Boden bestand aus 3,7 % Sand, 83,5 % Schluff und 12,8 % Ton. Der organische Kohlenstoffgehalt lag zwischen 1,0–1,2 % in 0–30 cm Bodentiefe. Im Jahr 2009 wurde Wintergerste angebaut, gefolgt von Gelbsenf (*Sinapis alba* L.) als Zwischenfrucht. Auf der Versuchsfläche wurde seit mindestens 20 Jahren kein Wirtschaftsdünger ausgebracht. Die Gehalte an pflanzenverfügbaren Makronährstoffen lagen im optimalen Bereich, der pH-Wert ($CaCl_2$) bei 7.

Der Versuch wurde in einer Spaltanlage mit vierfacher Wiederholung durchgeführt. Haupteinheit waren eine unbehandelte Kontrolle und drei Bodenverbesserer [Kompost, HTC-Biokohle aus Zuckerrübenschnitzel (HTC RS) und HTC-Biokohle aus Biertreber (HTC BT)] in einer Ausbringmenge von 10 t $ha^{-1}$ Trockenmasse (TM). Die beiden Input-Materialien Zuckerrübenschnitzel und Biertreber wurden aufgrund ihrer Homogenität und Verfügbarkeit ausgewählt und in einem Batch-Reaktor verarbeitet. Die Produktionsbedingungen waren für beide

HTC-Biokohlen gleich: Die Temperatur betrug 190 °C, die Reaktionszeit lag bei 12 h. Der Kompost (Fertigkompost, Rottegrad 5) wurde im Kompostwerk Göttingen hergestellt. Die agrochemischen Eigenschaften der Bodenverbesserer sind in Tabelle 1 aufgeführt. Als Untereinheit wurde die mineralische N-Düngung in den Abstufungen 0 ($N_0$), 50 ($N_{50}$), 100 ($N_{100}$) und 150 ($N_{150}$) kg N $ha^{-1}$ variiert. Die Parzellenbreite betrug 8,1 m (18 Reihen), die Länge 7,0 m.

Vom 07.–09.04.2010 wurden die Bodenverbesserer manuell oberflächig ausgebracht. Nach Lufttrocknung über ca. 10 Tage wurden sie mit einem ca. 15 cm tiefen Arbeitsgang eines Grubbers in den Boden eingearbeitet. Die Aussaat der Zuckerrüben (Belladonna KWS) erfolgte am 23.04.2010 mit einer 6-reihigen Einzelkornsämaschine „Accord“. Die Saattiefe betrug 1–2 cm, der Abstand innerhalb der Reihe 7,7 cm und der Reihenabstand 45 cm. Die N-Düngung (Kalkammonsalpeter) wurde bis zu einer Menge von 100 kg N $ha^{-1}$ sofort nach der Aussaat durchgeführt. Die Stufe $N_{150}$ erhielt eine weitere Gabe von 50 kg N $ha^{-1}$ Anfang Juni zur Vereinzelung der Rüben. Der endgültige Pflanzenabstand innerhalb der Reihe betrug durchschnittlich 23,1 cm. Alle übrigen pflanzenbaulichen Maßnahmen waren für alle Varianten gleich und folgten üblichen Standards und regionalen Empfehlungen.

**Bodeneigenschaften**

Bodenproben zur Bestimmung der mineralischen Stickstoffgehalte ($N_{min}$) wurden in der $N_0$-Stufe Anfang Mai, Juni, Juli und Ende September in den Tiefen 0–30, 30–60 und 60–90 cm entnommen. Aus den 7 Einstichproben pro Parzelle wurde eine Mischprobe gebildet. Nach Extraktion mit $CaCl_2$ (0,0125 mol $L^{-1}$) wurden die $NO_3$- und $NH_4$-Gehalte colorimetrisch in einem CFA (Continuous Flow Autoanalyzer) gemessen. Zusätzlich wurden Bodenproben (6–8 Einstiche je Mischprobe, 1 Mischprobe je Parzelle) vertikal aus 0–15 cm Bodentiefe entnommen, um die effektive Kationenaustauschkapazität ($KAK_{eff}$) beim jeweiligen pH-Wert des Bodens zu ermitteln (DIN ISO 11260).

Im September 2010 kurz vor der Ernte wurden je Parzelle sechs ungestörte Bodenproben (100 $cm^3$ Stechzylinder) aus einer Bodentiefe von 8–12 cm (repräsentativ für 0–15 cm) vertikal gezogen und daran die Feldkapazität bei einer Saugspannung von 60 hPa (pF 1,8) mit der Sandkastenmethode (Eijkelkamp Agrisearch Equipment, Niederlande) bestimmt. An diesen Proben wurde des Weiteren die pneumatische Leitfähigkeit (pL) mit einem Luft-Permeameter (PL300, Umwelt-Geräte-Technik GmbH, Deutschland) gemessen. Die Trockenrohdichte wurde aus dem Trockengewicht und dem Volumen berechnet. Zusätzlich wurden Bohrstockproben (6–8 Einstiche je Mischprobe, eine Mischprobe je Parzelle) vertikal aus der gleichen Bodentiefe entnommen und der Anteil wasserstabiler Bodenaggregate (Fraktion 1–2 mm, Siebmaschenweite 0,25 mm) mit der Nass-Sieb-Methode (Eijkelkamp Agrisearch Equipment, Niederlande) ermittelt.

**Kohlenstoff-Freisetzung**

Zur Bestimmung der Kohlenstoff-Freisetzung ($CO_2$-C-Freisetzung) im Feld wurde Natronlauge als $CO_2$-Adsorbent verwendet und ausgetretenes $CO_2$ durch Säure-Basen-Titration quantifiziert. Eine detaillierte Methodenbeschreibung der Durchführung ist bei Koch (1990) zu finden. Die Kohlenstoff-Freisetzungsmessungen wurden zweimal je Woche durchgeführt. Um das Risiko einer N-Limitierung für die Mikroben zu minimieren, erfolgte die Messung innerhalb der $N_{100}$-Stufe. Die kumulative absolute und relative Kohlenstoff-Freisetzung (zusätzliche Freisetzung durch HTC-Biokohle und Kompost gegenüber der Kontrolle in % der mit dem Bodenverbesserer ausgebrachten Kohlenstoffmenge) wurden auf Basis g $CO_2$-C $m^{-2}$ berechnet.

**Wachstum, Ertrag und Qualität von Zuckerrüben**

Zur Erfassung des Feldaufgangs wurde die Anzahl aufgelaufener Pflanzen in zwei Erntereihen ermittelt und in Beziehung zur Anzahl abgelegter Pillen gesetzt. Zur Zwischenernte im 4–6-Blattstadium wurden zu vereinzelnde Pflanzen aus vier Erntereihen (10,8 $m^2$) entnommen. Die Anzahl der geernteten Pflanzen wurde festgehalten und der Einzelpflanzenertrag auf Trockenmassebasis berechnet. Das getrocknete Pflanzenmaterial wurde fein gemahlen und auf die Gesamtgehalte an Stickstoff (ISO DIN 10694), Phosphor und Kalium (VDLUFA 2.2.2.6) analysiert.

Während der Vegetationszeit wurde der Blattflächenindex (BFI, $m^2$ $m^{-2}$) in ca. zweiwöchigen Abständen mit einem LAI-2000-Gerät (LI-COR, Lincoln, NE, USA) gemessen. Je Termin wurde aus den vier Messergebnissen einer Parzelle ein Mittelwert gebildet.

Die Rübenernte wurde Ende September auf einer Fläche von 10,8 $m^2$ je Parzelle mit einem einreihigen Versuchsroder vorgenommen. Es wurden die Frisch- und Trockenmasseerträge der Rüben bestimmt. Die Blätter wurden vor dem Roden manuell direkt unterhalb der ältesten grünen Blattstiele abgetrennt. Die Rüben wurden nach der maschinellen Ernte in einer Rübenwäsche gewaschen. Anschließend wurde das Gewicht der sauberen Rüben bestimmt. Es folgte die Verarbeitung zu Brei, dessen Gehalte an Kalium und Natrium (flammenphotometrisch) und $\alpha$-Amino-Stickstoff (fluorimetrisch) analysiert wurden (Hoffmann, 2006). Der Zuckergehalt wurde polarimetrisch (ICUMSA, 2003) bestimmt. Der Bereinigte Zuckerertrag wurde nach Märländer et al. (2003) aus Rübenertrag, Zuckergehalt, Standardmelasse- und Standardfabrikverlust berechnet.

**Statistische Auswertung**

Die statistische Analyse erfolgte unter Verwendung des Statistical Analysis System Paketes (SAS, V 9.2). Die Daten wurden in einer ein- oder zweifaktoriellen ANOVA mit der Prozedur MIXED (Littell et al., 1996) ausgewertet. Bodenverbesserer, N-Düngungsstufe und deren Wechselwirkungen wurden als fixe Effekte betrachtet. Die Normalverteilung (Shapiro-Wilk-Test, $p \leq 0{,}1$) der Datenresiduen wurde mit der Prozedur UNIVARIATE getestet. Mittelwerte wurden mit der LSMEANS-Prozedur verglichen. Als Signifikanzniveau wurden $p \leq 0{,}01$ (**) als hoch signifikant, $p \leq 0{,}05$ (*) als signifikant und $p > 0{,}05$ (ns) als nicht signifikant gekennzeichnet. Für die grafischen Darstellungen wurde die Software Sigma Plot (V 11.0, Systat Software Inc., San Jose, USA) verwendet.

**Ergebnisse**

Die HTC-Biokohle wies Gesamtkohlenstoffgehalte ($C_t$) von 50–55 % und Gesamtstickstoffgehalte ($N_t$) von 1,3–3,5 % i. d. TM auf (Tab. 1). Das C/N-Verhältnis variierte zwischen 16 (HTC BT) und 38 (HTC RS), bei Kompost betrug der Wert ca. 11. In HTC-Biokohle war die Menge pflanzenverfügbarer Nährstoffe im Vergleich zu Kompost gering.

***Tab. 1:** Gehalte an pflanzenverfügbaren Nährstoffen und agrochemische Eigenschaften der geprüften Bodenverbesserer (B). HTC RS = HTC-Biokohle aus Rübenschnitzel, HTC BT = HTC-Biokohle aus Biertreber*

| B | Nährstoffgehalte | | | | agrochemische Eigenschaften | | | | |
|---|---|---|---|---|---|---|---|---|---|
| | $NO_3$+$NH_4$ | $P_{CAL}$ | $K_{CAL}$ | $Mg_{CaCl2}$ | $C_t$ | $N_t$ | C/N | pH | σ* |
| | | in g $kg^{-1}$ | | | in % | in % | | | in mS $cm^{-1}$ |
| Kompost | 1,7 | 1,7 | 10,5 | 0,3 | 22,7 | 2,0 | 11,2 | 7,1 | 10,6 |
| HTC RS | 0,3 | 0,5 | 0,4 | 0,2 | 50,1 | 1,3 | 38,3 | 4,9 | 2,8 |
| HTC BT | 0,4 | 1,0 | 0,3 | 0,5 | 54,4 | 3,5 | 15,5 | 5,5 | 2,3 |

*elektrische Leitfähigkeit*

**Bodeneigenschaften**

Die Bodenverbesserer hatten keinen Einfluss auf pH-Wert und elektrische Leitfähigkeit des Bodens (nicht dargestellt). Die $N_{min}$-Gehalte stiegen bis zur Probenahme Anfang Juni und sanken anschließend bis zur Endernte (Abb. 1). Im Mai, Juni und September waren die Werte in allen Varianten sehr ähnlich, während im Juli HTC BT signifikant höhere $N_{min}$-Gehalte im Vergleich zu den anderen Behandlungen verursachte. Durch Anwendung der Bodenverbesserer stieg die Kationenaustauschkapazität des Bodens im Vergleich zur Kontrolle (10,74 $cmol_c\ kg^{-1}$) in allen Varianten (Kompost 11,21 $cmol_c\ kg^{-1}$, HTC RS 11,60 $cmol_c\ kg^{-1}$, HTC BT 10,97 $cmol_c\ kg^{-1}$) nur geringfügig und nicht signifikant (nicht dargestellt).

Bei den untersuchten bodenphysikalischen Eigenschaften in der Bodentiefe 0–15 cm wurden keine signifikanten Unterschiede ermittelt (Abb. 2a, b). In allen Varianten betrug die Feldkapazität 37–38 Vol.-%. Relativ zur Kontrolle stieg die pneumatische Leitfähigkeit tendenziell um 18 % (HTC BT) bis 69 % (HTC RS). Die Trockenrohdichte sank durch die Ausbringung von HTC RS gegenüber der Kontrolle geringfügig. In beiden HTC-Biokohle-Varianten stieg der Anteil wasserstabiler Aggregate um absolut 4 % im Vergleich zur Kontrolle.

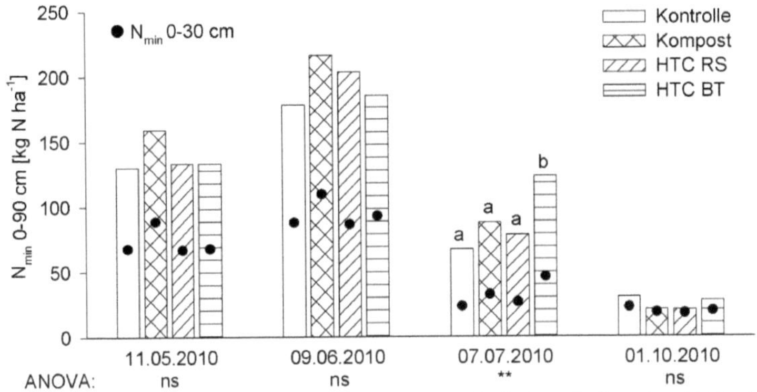


***Abb. 1:** Verlauf des mineralischen Stickstoffgehaltes ($N_{min}$) im Boden in Abhängigkeit vom Bodenverbesserer (Varianten ohne N-Düngung, $N_0$). Hevensen, 2010. HTC RS = HTC-Biokohle aus Rübenschnitzel, HTC BT = HTC-Biokohle aus Biertreber. ANOVA: ** $p \leq 0,01$; ns = nicht signifikant; mit gleichen Buchstaben gekennzeichnete Werte unterscheiden sich nicht signifikant voneinander ($p > 0,05$)*

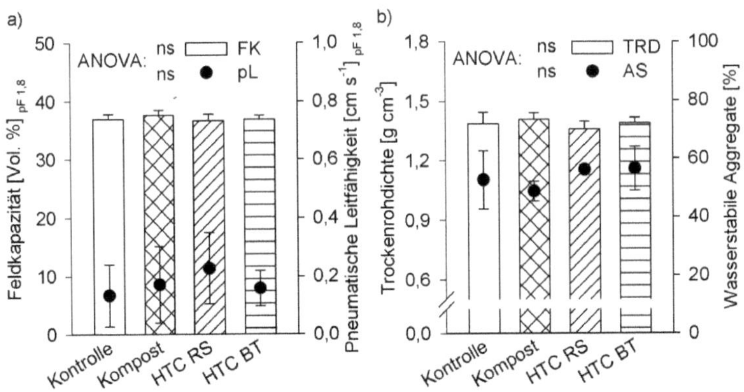


***Abb. 2:** Einfluss des Bodenverbesserers auf a) Feldkapazität (FK) und pneumatische Leitfähigkeit (pL) sowie b) Trockenrohdichte (TRD) und Aggregatstabilität (AS) des Bodens (0–15 cm Tiefe). Hevensen, 2010. HTC RS = HTC-Biokohle aus Rübenschnitzel, HTC BT = HTC-Biokohle aus Biertreber. ANOVA: ns = nicht signifikant*

### $CO_2$-C-Freisetzung

Im ersten Monat nach Messbeginn wurde in beiden HTC-Biokohle-Varianten 50 % mehr Kohlenstoff freigesetzt als in den Varianten Kontrolle und Kompost (Abb. 3a). Im weiteren Zeitverlauf stieg die C-Freisetzung in allen Varianten nahezu linear und mit ähnlichen Raten an.

Die Unterschiede in der kumulativen $CO_2$-C-Freisetzung zwischen den zwei HTC-Biokohle-Varianten und der Kontrolle bzw. der Kompostvariante waren an allen Terminen des Messzeitraumes signifikant (dargestellt nur für den letzten Termin), wobei die Gesamtmenge an freigesetztem Kohlenstoff bei etwa 250 g $m^{-2}$ in den Varianten Kontrolle und Kompost bzw. 325 g $m^{-2}$ bei den HTC-Biokohlen lag. Abbildung 3b zeigt die zusätzliche $CO_2$-C-Freisetzung aus HTC-Biokohle und Kompost gegenüber der Kontrolle bezogen auf die mit dem jeweiligen Bodenverbesserer ausgebrachte Kohlenstoffmenge. Die Umsetzung des Kohlenstoffs aus HTC-Biokohle folgte einem exponentiell-degressiven Verlauf. In beiden HTC-Biokohlevarianten entwichen in den ersten zwei Monaten bereits 10 % der ausgebrachten Kohlenstoffmenge. Dem entgegen war die $CO_2$-C-Freisetzung aus Kompost nur sehr gering.

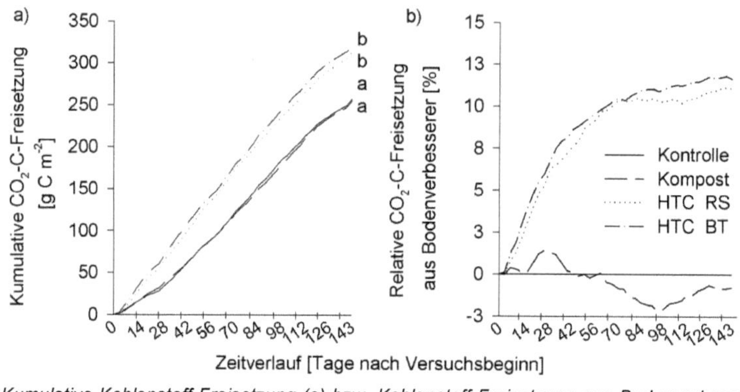


*Abb. 3: Kumulative Kohlenstoff-Freisetzung (a) bzw. Kohlenstoff-Freisetzung aus Bodenverbesserer relativ zur ausgebrachten Kohlenstoffmenge (b) in Abhängigkeit vom Bodenverbesserer. Hevensen, 2010. HTC RS = HTC-Biokohle aus Rübenschnitzel, HTC BT = HTC-Biokohle aus Biertreber. ANOVA: mit gleichen Buchstaben gekennzeichnete Werte unterscheiden sich nicht signifikant voneinander (p > 0,05)*

### Wachstum, Ertrag und Qualität von Zuckerrüben

Der Zuckerrüben-Feldaufgang wurde durch Bodenverbesserer und N-Düngungsstufe nicht beeinflusst. Jedoch zeigten sich bereits kurz nach dem Auflaufen N-Mangelsymptome an den Pflanzen der HTC-Biokohlevarianten in Kombination mit niedriger N-Düngung ($N_0$, $N_{50}$; nicht gezeigt). 1–10 % der Pflanzen stellten unmittelbar nach ihrem Auflaufen das Wachstum zeitweilig ein, bei 10–40 % der Pflanzen war das Wachstum reduziert, während die verbleibenden Pflanzen ohne Beeinträchtigung weiter wuchsen. Dies führte im 4–6-Blattstadium (Zwischenernte 09.06.2010) im Mittel der N-Stufen zu einer Verringerung des Einzelpflanzenertrags von 50–66 % in den HTC-Biokohlevarianten im Vergleich zur Kontrolle (Tab. 2).

Eine signifikante Erhöhung des Einzelpflanzenertrags wurde durch die Kompostausbringung beobachtet. Mit zunehmender N-Düngung stieg der Einzelpflanzenertrag im Mittel der Bodenverbesserer signifikant ($N_0$ im Vergleich zu $N_{100}$). Am deutlichsten war dieser N-Effekt in der Variante HTC RS, während nach Kompostapplikation keine Ertragssteigerung mit zunehmender N-Düngung auftrat.

***Tab. 2:*** *Einzelpflanzenertrag sowie Stickstoff-, Phosphor- und Kaliumgehalt von Zuckerrübenpflanzen zur Zwischenernte (09.06.2010) in Abhängigkeit von Bodenverbesserer (B) und N-Düngung (N). Hevensen, 2010. HTC RS = HTC-Biokohle aus Rübenschnitzel, HTC BT = HTC-Biokohle aus Biertreber. Mit gleichen Buchstaben gekennzeichnete Werte unterscheiden sich nicht signifikant voneinander (p > 0,05). Innerhalb eines Parameters gelten die Vergleiche für die Hauptwirkungen B (Spalte Mittel) und N (Zeile Mittel) sowie für die Wechselwirkung (B × N)*

| B | $N_0$ | $N_{50}$ | $N_{100}$ | Mittel |
|---|---|---|---|---|
| | | Einzelpflanzenertrag in mg TM | | |
| Kontrolle | 669$^{cd}$ | 764$^{de}$ | 831$^{e}$ | 755$^{c}$ |
| Kompost | 860$^{e}$ | 903$^{e}$ | 835$^{de}$ | 866$^{d}$ |
| HTC RS | 172$^{a}$ | 416$^{b}$ | 541$^{bc}$ | 376$^{a}$ |
| HTC BT | 452$^{b}$ | 519$^{bc}$ | 531$^{c}$ | 501$^{b}$ |
| Mittel | 538$^{a}$ | 650$^{ab}$ | 685$^{b}$ | |
| | | Stickstoff in % TM | | |
| Kontrolle | 4,69 | 4,75 | 4,98 | 4,80$^{a}$ |
| Kompost | 4,62 | 4,82 | 4,90 | 4,78$^{a}$ |
| HTC RS | 4,60 | 4,76 | 4,96 | 4,77$^{a}$ |
| HTC BT | 4,68 | 4,77 | 5,04 | 4,83$^{a}$ |
| Mittel | 4,65$^{a}$ | 4,77$^{a}$ | 4,97$^{b}$ | |
| | | Phosphor in % TM | | |
| Kontrolle | 0,50 | 0,49 | 0,48 | 0,49$^{ab}$ |
| Kompost | 0,50 | 0,49 | 0,47 | 0,49$^{a}$ |
| HTC RS | 0,56 | 0,53 | 0,50 | 0,53$^{b}$ |
| HTC BT | 0,51 | 0,51 | 0,50 | 0,51$^{ab}$ |
| Mittel | 0,52$^{b}$ | 0,50$^{ab}$ | 0,49$^{a}$ | |
| | | Kalium in % TM | | |
| Kontrolle | 8,71 | 9,00 | 9,17 | 8,96$^{ab}$ |
| Kompost | 8,96 | 7,82 | 9,04 | 8,61$^{ab}$ |
| HTC RS | 8,33 | 8,24 | 8,88 | 8,48$^{a}$ |
| HTC BT | 9,24 | 10,19 | 9,43 | 9,62$^{b}$ |
| Mittel | 8,81$^{a}$ | 8,62$^{a}$ | 9,32$^{a}$ | |

Die Pflanzenanalyse zeigte, dass der N-Gehalt nicht durch die Anwendung der Bodenverbesserer beeinflusst wurde (Tab. 2). Im Gegensatz dazu steigerte HTC RS den P- und senkte den K-Gehalt der Pflanzen gegenüber den anderen Bodenverbesserern im Mittel der N-Düngungsstufen. Eine steigende N-Düngung erhöhte den N-Gehalt und verminderte den P-Gehalt, hatte aber keinen Effekt auf den K-Gehalt der Zuckerrübenpflanzen.

Zur besseren Übersichtlichkeit sind BFI-Werte nur für die N-Düngungsstufen $N_0$ und $N_{150}$ dargestellt (Abb. 4). Der BFI variierte am ersten Messtermin Ende Juni zwischen 0,5 und 2. Im weiteren Verlauf nahm er bis Ende Juli ($N_0$) bzw. Anfang September ($N_{150}$) auf Werte zwischen 2 und 4 zu. Dabei lagen die Werte der $N_0$-Düngungsstufe stets unter denen der $N_{150}$-Düngungsstufe. Die geringsten Werte traten auf der $N_0$-Düngungsstufe nach HTC RS-Ausbringung bis Ende Juli auf, während hohe Werte auf beiden N-Düngungsstufen stets in der Kompostvariante auftraten. HTC BT führte nach geringen Werten im Juni zu hohen Werten von Juli bis September (beide N-Düngungsstufen), während die Werte der Kombination Kontrolle/$N_0$ nach anfänglich höheren Werten im August auf das geringe Niveau der Variante HTC RS/$N_0$ fielen.

Bei der Endernte im September war der Rübenertrag signifikant niedriger, wenn HTC RS angewandt wurde (Tab. 3). Insbesondere war der Rübenertrag verringert, wenn HTC RS mit den N-Düngungsstufen $N_0$ und $N_{50}$ kombiniert wurde. Zunehmende N-Düngung von $N_0$ auf $N_{150}$ erhöhte den Rübenertrag signifikant im Mittel der Bodenverbesserer. Der Zuckergehalt wurde durch die Ausbringung von HTC BT signifikant gegenüber den anderen Varianten vermindert. Im Mittel der Bodenverbesserer nahm der Zuckergehalt mit zunehmender N-Düngung zumeist signifikant ab.

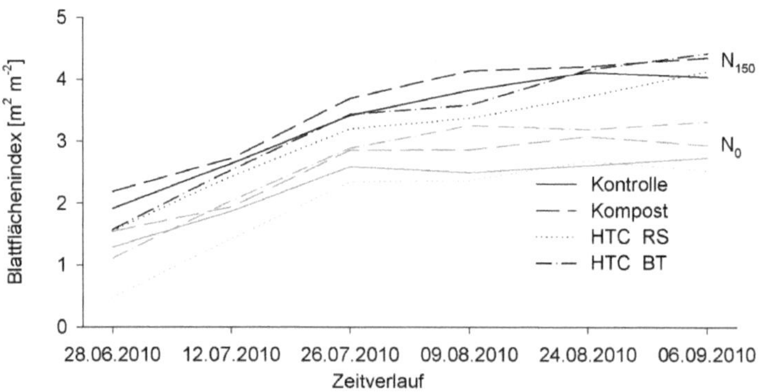


***Abb. 4:** Entwicklung des Blattflächenindex von Zuckerrüben in Abhängigkeit von Bodenverbesserer und N-Düngung (N). Hevensen, 2010. HTC RS = HTC-Biokohle aus Rübenschnitzel, HTC BT = HTC-Biokohle aus Biertreber*

*Tab. 3: Rübenertrag, Zuckergehalt und α-Amino-N-Gehalt von Zuckerrüben zur Endernte (30.09.2010) in Abhängigkeit von Bodenverbesserer (B) und N-Düngung (N). Hevensen, 2010. HTC RS = HTC-Biokohle aus Rübenschnitzel, HTC BT = HTC-Biokohle aus Biertreber. Mit gleichen Buchstaben gekennzeichnete Werte unterscheiden sich nicht signifikant voneinander (p > 0,05). Innerhalb eines Parameters gelten die Vergleiche für die Hauptwirkungen B (Spalte Mittel) und N (Zeile Mittel) sowie für die Wechselwirkung (B × N)*

| | B | $N_0$ | $N_{50}$ | $N_{100}$ | $N_{150}$ | Mittel |
|---|---|---|---|---|---|---|
| Rübenertrag in t FM $ha^{-1}$ | Kontrolle | $73{,}71^{bc}$ | $75{,}52^{bc}$ | $74{,}39^{bc}$ | $74{,}32^{bc}$ | $74{,}48^{b}$ |
| | Kompost | $74{,}43^{bc}$ | $75{,}54^{bc}$ | $75{,}12^{bc}$ | $76{,}71^{c}$ | $75{,}45^{b}$ |
| | HTC RS | $62{,}84^{a}$ | $67{,}89^{ab}$ | $71{,}61^{bc}$ | $74{,}61^{bc}$ | $69{,}23^{a}$ |
| | HTC BT | $74{,}66^{bc}$ | $73{,}18^{bc}$ | $70{,}92^{abc}$ | $73{,}72^{bc}$ | $73{,}12^{b}$ |
| | Mittel | $71{,}41^{a}$ | $73{,}03^{ab}$ | $73{,}00^{ab}$ | $74{,}84^{b}$ | |
| Zuckergehalt in % | Kontrolle | 17,33 | 17,42 | 17,09 | 16,87 | $17{,}18^{b}$ |
| | Kompost | 17,52 | 17,43 | 17,14 | 16,96 | $17{,}26^{b}$ |
| | HTC RS | 17,20 | 17,20 | 17,29 | 16,87 | $17{,}14^{b}$ |
| | HTC BT | 17,12 | 17,00 | 16,87 | 16,67 | $16{,}91^{a}$ |
| | Mittel | $17{,}29^{c}$ | $17{,}26^{c}$ | $17{,}10^{b}$ | $16{,}85^{a}$ | |
| α-Amino-N in mmol 1000 $g^{-1}$ Rüben | Kontrolle | 6,34 | 7,27 | 9,31 | 11,44 | $8{,}59^{ab}$ |
| | Kompost | 6,50 | 7,59 | 9,76 | 11,23 | $8{,}77^{b}$ |
| | HTC RS | 6,62 | 6,70 | 8,00 | 10,13 | $7{,}86^{a}$ |
| | HTC BT | 7,03 | 8,26 | 9,86 | 11,33 | $9{,}12^{b}$ |
| | Mittel | $6{,}62^{a}$ | $7{,}45^{b}$ | $9{,}23^{c}$ | $11{,}23^{d}$ | |

Der Gehalt an α-Amino-Stickstoff stieg mit steigender N-Düngung signifikant und war nach HTC RS-Ausbringung deutlich geringer als bei den anderen Bodenverbesserern (Kontrolle ns). Der Bereinigte Zuckerertrag sank durch die Anwendung von HTC RS signifikant (Abb. 5).

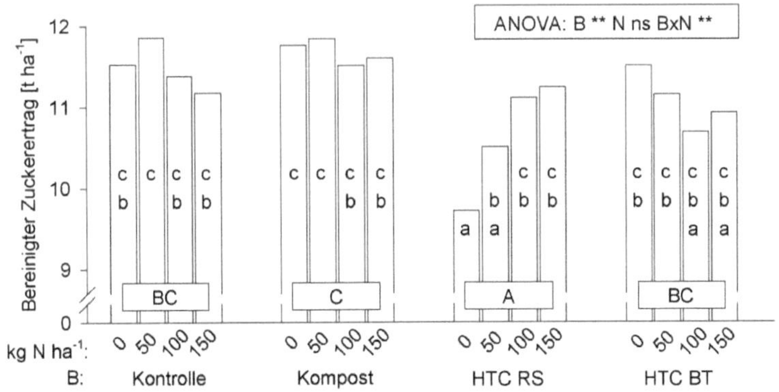


***Abb. 5:** Einfluss von Bodenverbesserer (B) und N-Düngung (N) auf den Bereinigten Zuckerertrag von Zuckerrüben. Hevensen, 2010. ANOVA: ** p ≤ 0,01; ns = nicht signifikant; mit gleichen Buchstaben gekennzeichnete Werte unterscheiden sich nicht signifikant voneinander (p > 0,05). Großbuchstaben beziehen sich auf die Hauptwirkung B, Kleinbuchstaben auf die Wechselwirkung (B × N)*

Zusätzlich wurden signifikante Wechselwirkungen zwischen Bodenverbesserer und N-Düngung beobachtet. So stieg der Bereinigte Zuckerertrag mit steigender N-Düngung in der Variante HTC RS bis zur höchsten N-Düngungsstufe, wohingegen er in den anderen Varianten ab $N_{50}$ mit weiter zunehmender N-Düngung tendenziell zurückging.

## Diskussion

Ziel der Untersuchung war es, eine erste landbauliche Bewertung von HTC-Biokohle als Bodenverbesserer vorzunehmen. Dabei wurden zunächst kurzfristige Effekte einer Ausbringung vor Zuckerrübe auf ausgewählte Bodeneigenschaften und das Wachstum der Prüffrucht analysiert.

### Bodeneigenschaften und Kohlenstoff-Freisetzung

Laut Barzegar et al. (2002) kann eine einmalige Feldausbringung von organischen Materialien (Stallmist, Weizenstroh, Bagasse) schon in einer Menge von 5–10 t $ha^{-1}$ positiven Einfluss auf Wasserhaltekapazität, Porosität und Aggregatstabilität des Bodens haben. Die vorliegende Arbeit zeigt allerdings, dass eine einmalige Anwendung der geprüften Bodenverbesserer Kompost und HTC-Biokohle in einer Ausbringungsmenge von 10 t TM $ha^{-1}$ alle untersuchten Eigenschaften des Bodens nahezu unverändert ließ. Auch Tisdall et al. (1978) fanden, dass schwer abbaubare organische Materialien, die dem Boden zugeführt werden, keine kurzfristigen Effekte, wie z. B. eine Beeinflussung der Aggregatstabilität, hervorriefen. Sogar eine Biokohlezumischung von 30 t $ha^{-1}$ hatte unter Feldbedingungen keinen Einfluss auf die Trockenrohdichte des Bodens (Taghizadeh-Toosi et al., 2011). Chan et al. (2007) zeigten, dass eine signifikante Verbesserung bodenphysikalischer Eigenschaften durch eine Biokohleausbringung nur bei Mengen von 50–100 t $ha^{-1}$ eintrat.

Aufgrund der geringen Menge an mit der HTC-Biokohle zugeführten Nährstoffen war im vorliegenden Versuch keine Veränderung des Nährstoffangebotes im Vergleich zur Kontrolle zu erwarten. Ähnlich bewirkte eine Ausbringung an pyrolytischer Biokohle in einer Menge von 100 t $ha^{-1}$ in einem Gewächshausversuch keine bedeutende Zufuhr an Makronährstoffen (Chan et al., 2008). Darüber hinaus war im vorliegenden Versuch infolge der nur geringfügig erhöhten Kationenaustauschkapazität des Bodens nach HTC-Biokohle-Applikation keine veränderte Nährstoffpufferung im Boden zu erwarten, die für die Nährstoffversorgung der Pflanzen ertragsrelevant hätte sein können. Biokohle sollte somit unabhängig von der Ausbringungsmenge nicht als Düngungsmittel eingeordnet werden, sondern als Bodenhilfsstoff (DüG, 2009).

Die im Feld gemessene $CO_2$-C-Freisetzung wurde durch eine Ausbringung von HTC-Biokohle beträchtlich erhöht. Im ersten Monat des Messzeitraumes wurde im Vergleich zur Kontrolle ca. 50 % mehr Kohlenstoff aus den HTC-Biokohlevarianten freigesetzt. Zwischen den beiden HTC-Biokohlevarianten waren keine Unterschiede festzustellen. Auch Baronti et al. (2008) fanden in einem vergleichbaren Laborversuch bei 10-fach höherer Ausbringungsmenge von pyrolytischer Biokohle eine fast doppelt so hohe $CO_2$-Freisetzung wie in der Kontrolle. Nach einer Vegetationszeit waren aus den beiden HTC-Biokohlen im vorliegenden Versuch bereits 12 % des mit der Kohle ausgebrachten Kohlenstoffs freigesetzt. Dies belegt eine geringe Abbaustabilität zumindest eines Teils der Kohlenstoffverbindungen in HTC-Biokohlen. Jedoch trägt möglicherweise der im ersten Vegetationsjahr nicht freigesetzte Kohlenstoff zur C-Sequestrierung bzw. Humusakkumulation bei.

Bei einem $C_{org}$-Gehalt von 1,1 % verfügt die Bodenschicht 0–15 cm über einen $C_{org}$-Pool von 23 t $ha^{-1}$ (berechnet mit einer Lagerungsdichte von 1,4 g $cm^{-3}$). Mit der Einarbeitung von 10 t $ha^{-1}$ HTC-Biokohle in ca. 15 cm Tiefe wurden dem Boden ca. 5 t $ha^{-1}$ organischer Kohlenstoff zugeführt, so dass der $C_{org}$-Pool auf 28 t $ha^{-1}$ erhöht wurde. Selbst unter Berücksichtigung des Abbaus von 0,6 t $C_{org}$ $ha^{-1}$ (12 %) in den ersten Monaten nach der Ausbringung würde der $C_{org}$-Gehalt von ca. 1,1 auf 1,3 % steigen. Langfristig könnte diese Veränderung Bodeneigenschaften wie Wasserspeicherung und -führung, Durchlüftung etc. positiv beeinflussen, sofern eine Inkorporierung der HTC-Biokohle in den Bodenkörper erfolgt.

**Jugendentwicklung der Zuckerrüben**

Die vorliegenden Ergebnisse zeigen deutlich, dass die Zufuhr von HTC-Biokohle zu einer Wachstums-, Ertrags- und Qualitätsminderung von Zuckerrüben führen kann. Der Feldaufgang war nicht beeinträchtigt, jedoch war das Jugendwachstum insbesondere bei Pflanzen reduziert, die in unmittelbarer Nachbarschaft zu Kohlebröckeln wuchsen. Dabei wiesen die Pflanzen typische N-Mangelsymptome wie Blattspitzennekrosen, gelbliche Blätter und Anthocyanfärbungen auf (Draycott und Christenson, 2003).

Gegenüber den Varianten Kontrolle und Kompost führte die Anwendung von HTC-Biokohle somit zu heterogen entwickelten Pflanzen und einer im Mittel starken Verminderung der Anzahl und Größe der Blätter sowie der gebildeten Pflanzenmasse zur Ernte im 6–8-Blattstadium. Der Einzelpflanzenertrag war noch weiter vermindert, wenn die N-Düngung nur gering war oder vollständig unterlassen wurde ($N_0$, $N_{50}$). Laut Dürr und Mary (1998) beginnt die N-Aufnahme von Zuckerrüben durch die Keimwurzel sofort nach Aufgang aus dem Samen. In diesem frühen

Entwicklungsstadium kann N-Mangel die Trockenmassebildung der Pflanzen erheblich verringern. Insgesamt zeigen diese Ergebnisse, dass durch die Anwendung der HTC-Biokohlen die Stickstoffverfügbarkeit gesenkt wurde, insbesondere in Variante HTC RS, vermutlich als Folge des weiten C/N-Verhältnisses dieser Kohle von 38. Dabei lässt die nach HTC-Biokohleanwendung beträchtlich gesteigerte Kohlenstoff-Freisetzung eine mikrobielle N-Immobilisierung vermuten.

Im Gegensatz zum Ertrag und der Ausbildung von Mangelsymptomen wurde der Gesamt-N-Gehalt der Zuckerrübenpflanzen zur Zwischenernte durch die HTC-Biokohleanwendung nicht vermindert. Gemessen an Daten von Barlog (Grzebisz et al., 2010) lag der N-Gehalt der Pflanzen im vorliegenden Versuch im optimalen Bereich von 3,6–5,4 %. Ähnliches gilt für den P- und K-Gehalt. Vermutlich ist das Fehlen einer N-Mangelindikation mit der heterogenen Einarbeitung von groben HTC-Biokohlebröckeln zu erklären, was in dem bereits angesprochenen ungleichmäßigen Pflanzenwachstum resultierte. Stickstoffdefiziente Pflanzen hatten offensichtlich nur einen so geringen Anteil an der aus normal und schwach entwickelten Pflanzen bestehenden Mischprobe, dass die N-immobilisierende Wirkung der HTC-Biokohleanwendung maskiert wurde. Analog zu den N-Gehalten in der Pflanze war auch der $N_{min}$-Gehalt des Bodens im Mai und Juni nicht durch HTC-Biokohleanwendung vermindert, was gegen eine N-Immobilisierung als Ursache für das verminderte frühe Zuckerrübenwachstum spricht. Jedoch könnten auch hier vermutlich kleinräumig niedrige Werte im Umfeld von Kohlebröckeln durch die Art der Probenahme überdeckt worden sein. Der Salzgehalt der beiden HTC-Biokohlen war deutlich niedriger als der von Kompost und lag auf einem Niveau, welches Keimung und Wurzelwachstum von Zuckerrüben eher hätte fördern als einschränken müssen (Jafarzadeh und Aliasgharzad, 2007). Die Säurezufuhr mit HTC-Biokohle änderte den pH-Wert des Bodens nicht; damit ist auch eine Wachstumsminderung durch freie Schwermetalle auszuschließen.

**Wachstum nach Reihenschluss und Endertrag**

Wie bei der Zwischenernte im Juni war der Ertrag der Zuckerrüben (Rübe, Bereinigter Zucker) zur Ernte Ende September nach Anwendung von HTC RS im Mittel der N-Düngungsstufen niedriger als in der Kontrolle. Am deutlichsten und signifikant war der Unterschied allerdings nur bei unterlassener N-Düngung ($N_0$). Dies ging einher mit einem erheblich verminderten Blattflächenindex gegenüber der Kontrolle bis Ende Juli und gegenüber den anderen Varianten während des gesamten Vegetationszeitraumes. Da das Blattwachstum stark von der N-Versorgung beeinflusst wird (Malnou et al., 2008), bestätigt dies, dass die Anwendung von HTC RS die N-Verfügbarkeit für die Pflanzen insbesondere in der ersten Hälfte der Vegetationszeit erheblich einschränkte und dies ursächlich für das verminderte frühe Blattwachstum sowie den Minderertrag an Bereinigtem Zucker war. Unterstützt wird dieser Erklärungsansatz durch den geringeren Amino-N-Gehalt der Rüben im September.

Im Gegensatz zu HTC RS war durch Anwendung von HTC BT auch in der N-Düngungsstufe $N_0$ keine Ertragsminderung zur Endernte mehr vorhanden. In dieser HTC-Biokohlevariante führte hohe N-Düngung sogar zu einem sinkenden Bereinigten Zuckerertrag, was durch einen verminderten Zuckergehalt und einen erhöhten Amino-N-Gehalt bedingt war und auf ein stark erhöhtes N-Angebot in der zweiten Vegetationshälfte hinweist. Übereinstimmend damit war der $N_{min}$-Gehalt des Bodens bei der Probenahme im Juli signifikant erhöht. Auch der Blattflächenindex der N-Düngungsstufe $N_0$ wies nach Anwendung von HTC BT ab Ende Juli die höchsten Werte auf. Dies weist auf eine Remineralisierung von zuvor mikrobiell immobilisiertem Stickstoff hin. Ob HTC-Biokohle darüber hinaus weitere Aspekte des N-Umsatzes (Denitrifikation, Adsorption, Desorption) verändert, kann anhand der vorhandenen Daten nicht geklärt werden. Ebenso könnten z. B. in der HTC-Biokohle enthaltene phytotoxische Substanzen das Pflanzenwachstum beeinträchtigt haben.

## Schlussfolgerungen und Ausblick

Die vorliegende Untersuchung zeigt, dass die Anwendung von HTC-Biokohle das Wachstum von Zuckerrüben vor allem durch eine veränderte Pflanzenverfügbarkeit von Stickstoff, vermutlich infolge mikrobiell bedingter Immobilisierung und Remineralisierung, beeinflusste.

Unter der Prämisse, dass HTC-Biokohlen als Bodenhilfsstoffe messbare positive Wirkungen erbringen müssen, scheint eine Nutzung von HTC-Biokohle in der Praxis zurzeit nicht sinnvoll.

Zur umfassenden Beurteilung der Eignung von HTC-Biokohle als Bodenverbesserer und für die C-Sequestrierung sind langfristige Feldversuche erforderlich. Dabei müssen die Eigenschaften der HTC-Biokohle unter Berücksichtigung des Ausgangsmaterials sowie der Prozessführung optimiert werden.

## Danksagung

Die Förderung des Vorhabens erfolgt aus Mitteln der Deutschen Bundesstiftung Umwelt (DBU) im Rahmen des Verbundprojektes „Landbauliche Verwertung von HTC-Produkten aus Bioabfall (HTC-Biokohle)“. Ines Wiese, Wilfried Hübener, Michael Gerhardy und Jens Günther wird für die Betreuung der Versuche und die tatkräftige Unterstützung bei den Feld- und Laborarbeiten gedankt. Vielen Dank an Holger Lemme und Eric Reinsdorf für das wertvolle Korrekturlesen des Artikels.

**Literatur**


Baronti, S.; Alberti, G.; Genesio, L.; di Gennaro, F.; Liu, J.; Miglietta, F.; Peressotti, A.; Vaccari, F.P. (2008): Effects on soil fertility and on crops production. Poster 2nd International Biochar Conference-IBI. September 8–10, Newcastle-Gateshead, UK

Barzegar, A.R.; Yousefi, A.; Daryashenas, A. (2002): The effect of addition of different amounts and types of organic materials on soil physical properties and yield of wheat. Plant Soil 247, 295–301

BBodSchG (Bundes-Bodenschutzgesetz) (1998): vom 17. März 1998 (BGBl. I S. 502), zuletzt geändert am 9. Dezember 2004 (BGBl. I S. 3214)

Brandt, P. (2009): Die „Hydrothermale Carbonisierung": eine bemerkenswerte Möglichkeit, um die Entstehung von $CO_2$ zu minimieren oder gar zu vermeiden? J. Verbr. Lebensm. 4, 151–154

Chan, K.Y.; Van Zwieten L., Meszaros, I.; Downie, A; Joseph, S. (2007): Agronomic values of greenwaste biochar as a soil amendment. Aust. J. Soil Res. 45, 629–634

Chan, K.Y.; Van Zwieten L., Meszaros, I.; Downie, A; Joseph, S. (2008): Using poultry litter biochars as soil amendments. Aust. J. Soil Res. 46, 437–444

Deumelandt, P.; Christen, O. (2008): Interaction of important agri-environmental indicators in sugarbeet cultivation systems. Sugar Industry / Zuckerind. 133, 719–728

Dexter, A.R. (1988): Advances in characterization of soil structure. Soil Till. Res. 11, 199–238

Draycott, A.P.; Christenson, D.R. (2003): Nutrients for sugar beet production. CABI Publishing, Wallingford

DüG (Düngegesetz) (2009): vom 09. Januar 2009 (BGBl. I S. 54, ber. S. 136), zuletzt geändert am 9. Dezember 2010 (BGBl. I S. 1934, 1937)

Dürr, C.; Mary, B. (1998): Effects of nutrient supply on pre-emergence growth and nutrient absorption in wheat (*Triticum aestivum* L.) and sugarbeet (*Beta vulgaris* L.). Ann. Bot. 81, 665–672

Fuertes, A.B.; Arbestain, M.C.; Sevilla, M.; Maciá-Agulló, J.A.; Fiol, S.; López, R.; Smernik, R.J.; Aitkenhead, W.P.; Arce, F.; Macias F. (2010): Chemical and structural properties of carbonaceous products obtained by pyrolysis and hydrothermal carbonisation of corn stover. Aust. J. Soil Res. 48, 618–626

Gleixner, G.; Porier, N.; Bol, R.; Balesdent, J. (2002): Molecular dynamics of organic matter in a cultivated soil. Org. Geochem. 33, 357–366

Grzebisz, W.; Przygocka-Cyna, K; Lukowiak, R.; Biber, M. (2010): An evaluation of macronutrient nutritional status of sugar beets in critical stages of growth in response to foliar application of multi-micronutrient fertilizers. J. Elem. 15, 493–507

Hoffmann, C. (2006): Zuckerrüben als Rohstoff – Die technische Qualität als Voraussetzung für eine effiziente Verarbeitung. Habilitationsschrift, Universität Göttingen

Hu, B., Wang, K., Wu, L.H., Yu, S.H., Antonietti, M., Titirici M.M. (2010). Engineering carbon materials from the hydrothermal carbonization process of biomass. Adv. Mat. 22, 813–828

ICUMSA (2003): Methods Book. Method GS6-3: The determination of the polarisation of sugar beet by the macerator or cold aqueous digestion method using aluminium sulphate as clarifying agent – Official. In: International Commission for Uniform Methods of Sugar Analysis. Verlag Dr. Albert Bartens, Berlin

Jafarzadeh, A.A.; Aliasgharzad, N. (2007): Salinity and salt composition effects on seed germination and root length of four sugar beet cultivars. Biologia 62, 562–564

Keiluweit, M.; Nico, P.S.; Johnson, M.G.; Kleber, M. (2010): Dynamic molecular structure of plant biomass-derived black carbon (biochar). Environ. Sci. Technol. 44, 1247–1253

Khaleel, R.K.; Reddy, R.; Overcash, M.R. (1981): Changes in soil physical properties due to organic waste application: A review. J. Environ. Qual. 110, 133–141

Kimetu, J.M.; Lehmann, J. (2010): Stability and stabilisation of biochar and green manure in soil with different organic carbon contents. Aust. J. Soil Res. 48, 577–585

Koch, H.-J. (1990): Pflanzenbauliche Risiken und erosionsmindernde Wirkungen von Strohmulchdecken im Getreidebau. Dissertation, Universität Göttingen

Kuzyakov, Y.; Bol, R. (2006): Sources and mechanisms of priming effect induced in two grassland soils amended with slurry and sugar. Soil Biol. Biochem. 38, 747–758

Lehmann, J.; da Silva, J.P.; Steiner, C.; Nehls, T.; Zech, W.; Glaser, B. (2003): Nutrient availability and leaching in an archaeological Anthrosol and a Ferralsol of the Central Amazon basin: fertilizer, manure, and charcoal amendments. Plant Soil 249, 343–357

Leifeld, J.; Siebert, S.; Kogel-Knabner, I. (2002): Changes in the chemical composition of soil organic matter after application of compost. Eur. J. Soil Sci. 53, 299–309

Littell, R.C.M.; Milliken, G.A.; Stroup, W.W.; Wolfinger, R.D. (1996): SAS systems for mixed models. Cary, NC

Malnou, C.S.; Jaggard, K.W.; Sparkes, D.L. (2008): Nitrogen fertilizer and the efficiency of the sugar beet crop in late summer. Europ. J. Agronomy 28, 47–56

Märländer, B.; Hoffmann, C.; Koch, H.-J.; Ladewig, E.; Merkes, R.; Petersen, J.; Stockfisch, N. (2003): Environmental situation and yield performance of the sugar beet crop in Germany, Heading for sustainable development. J. Agron. Crop Sci. 189, 201–226

Nelson, P.N.; Oades, J.M. (1998): Organic matter, sodicity, and soil structure. In: Sumner, M.E.; Naidu, R. (Hrsg.): Sodic Soils. Oxford University Press, New York, 51–75

Neubauer, Y.; Behrendt, F. (2007): Biomass to liquids (BtL) – prinzipielle Möglichkeiten und derzeitige Entwicklungstendenzen für die Gewinnung von Kraftstoffen aus Biomasse. Forum TTN Technik Theologie Naturwissenschaften H. 17, Herbert Utz Verlag, 18–32

Novak, J.M.; Lima, I.; Xing, B.; Gaskin, J.M.; Steiner, C.; Das, K.C.; Ahmedna, M.; Rehrah, D.; Watts, D.; Busscher, W.J.; Schomberg, H. (2009): Characterization of designer biochar produced at different temperatures and their effects on a loamy sand. Annals of Environmental Science 3, 195–206

Rillig, M.C.; Wagner, M.; Salem, M.; Antunes, P.M.; George, C.; Ramke, H.G.; Titirici, M.M.; Antonietti, M. (2010): Material derived from hydrothermal carbonization, Effects on plant growth and arbuscular mycorrhiza. Appl. Soil Ecol. 45, 238–242

Röthlein, R. (2006): Zauberkohle aus dem Dampfkochtopf. Max Planck Forschung 2, 20–25

Rondon, M.A.; Lehmann, J.; Ramirez, J.; Hurtado, M. (2007): Biological nitrogen fixation by common beans (*Phaseolus vulgaris* L.) increases with biochar additions. Biol. Fertil. Soils 43, 699–708

Spokas, K.; Koskinen, W.; Baker, J.; Reicosky, D. (2009): Impacts of woodchip biochar additions on greenhouse gas production and sorption/degradation of two herbicides in a Minnesota soil. Chemosphere 77, 574–581

Steinbeiss, S.; Gleixner, G.; Antonietti, M. (2009): Effect of biochar amendment on soil carbon balance and soil microbial activity. Soil Biol. Biochem. 41, 1301–1310

Steiner; C.; Glaser, B.; Teixeira, W.G.; Lehmann, J.; Blum, W.E.H.; Zech, W. (2008): Nitrogen retention and plant uptake on a highly weathered central Amazonian Ferralsol amended with compost and charcoal. J. Plant Nutr. Soil Sc. 171, 893–899

Taghizadeh-Toosi, A.; Clough, T.J.; Condron, L.M.; Sherlock, R.R.; Anderson, C.R.; Craigie, R.A. (2011): Biochar incorporation into pasture soil suppresses in situ nitrous oxide emissions from ruminant urine patches. J. Environ. Qual. doi:10.2134/jeq2010.0419

Tisdall, J.M., Cockroft, B.; Uren, N.C. (1978): The stability of soil aggregates as affected by organic materials, microbial activity and physical disruption. Aust. J. Soil Res. 16, 9–17

Titirici, M.M.; Thomas, A.; Antonietti, M. (2007): Back in the black, hydrothermal carbonization of plant material as an efficient chemical process to treat the $CO_2$ problem? New J. Chem. 31, 787–789

# 3. Artikel 2: Sugar beet (*Beta vulgaris* L.) growth reduction caused by hydrochar is related to nitrogen supply

Ana Gajić and Heinz-Josef Koch

**Abstract**

Hydrothermal carbonization allows rapid conversion of biomass into a carbon-rich, lignite-like product (hydrochar). It is assumed to have beneficial effects on soil properties and plant growth, but detailed studies are lacking, especially in the field. The objective of our study was to investigate the effect of hydrochar incorporated into arable soils on soil mineral nitrogen ($N_{min}$) content and sugar beet growth. In 2010–2011, a field and a pot trial were conducted. Hydrochars (field: 10 Mg $ha^{-1}$; pot: equivalent to 30 Mg $ha^{-1}$) processed from sugar beet pulp (HSP) and beer draff (HBD) were tested against an untreated control. As a second factor, mineral nitrogen (N) fertilizer level (field: 0, 50, 100, 150 kg N $ha^{-1}$; pot: 0, 100, 200 mg N $kg^{-1}$ soil) was varied. In both trials, hydrochars reduced initial sugar beet growth, especially when hydrochar with a high C/N ratio (38, HSP) was combined with a low N fertilizer level; high N supply partly compensated for the reduced seedling growth. Without N fertilization, no extractable $N_{min}$ was present at the end of the pot trial in the HSP treatment, whereas in HBD even more $N_{min}$ was extracted than in the control. This suggests remineralization of previously immobilized N when hydrochar with a low C/N ratio was applied (16, HBD). In the field, beet yield was equal at the high N fertilizer level in HSP and at all N levels in HBD treatment. Our results suggest that hydrochar can decrease plant-available N due to N immobilization. Other potential causes for the observed early growth reduction need to be studied more in detail.

## Introduction

Sugar beet (*Beta vulgaris* L.) is a biennial plant that is grown as a summer crop in relatively cool, northern parts of the temperate zones of the world. It is cultivated because of its storage root, from which saccharose is processed. In commercial production, the root is harvested after the first growing season (170–200 d). For sugar beet, balanced nitrogen (N) fertilization is especially needed because yield and quality of sugar beet can be affected by a lack and an excess of N (Märländer, 1990). Symbiotic relations (e.g., mycorrhizal symbiosis of sugar beet with soil microorganisms) are not known to exist (Draycott and Christenson, 2003). Compared with cereal and canola, sugar beet has a more severe depleting effect on soil organic carbon (SOC). Thus, to restore SOC content, the addition of organic materials is essential in crop rotations with sugar beet (Deumelandt and Christen, 2008). In Germany, 70 million tons of plant biomass are composted and applied to arable fields annually (Röthlein, 2006). However, during composting carbon (C) losses are considerable, resulting in a substantial release of carbon dioxide ($CO_2$) and methane, thereby contributing to the greenhouse effect (Brandt, 2009).

The technical process of hydrothermal carbonization (HTC) converts plant biomass low in dry matter (DM) into a carbon-rich, lignite-like product denoted here as hydrochar (Libra et al., 2011). The reaction takes place in aqueous milieu at elevated temperature and pressure (180–250 °C, 1,8–2,2 MPa) within 4 to 12 h (Titirici et al., 2007; Hu et al., 2010; Libra et al., 2011). According to Titirici et al. (2007), hydrochar could be a useful tool for C storage in soil due to its potentially high recalcitrance to microbial breakdown. An addition of hydrochar to agricultural land may compensate for the SOC deficit caused by the cultivation of humus-depleting crops (e.g., sugar beet, maize, potatoes), simultaneously offering the potential to sequester C.

Hydrochar might act as a soil conditioner due to its high surface area, large pore volume, and pore structure, which can be varied by design (Sevilla and Fuertes, 2009; Fuertes et al., 2010; Sevilla et al., 2011). Most of the expectations regarding the application of hydrochar to improve soil properties are based on encouraging results from an somewhat similar but quite different product named "biochar" (a solid product derived from the process of pyrolysis, which is the thermochemical decomposition of organic material at elevated temperatures in the absence of oxygen and water). Beneficial effects of biochar application in terms of enhanced crop yield (Rondon et al., 2007; Chan et al., 2008), improved soil quality (Glaser et al., 2002; Lehmann et al., 2003; Chan et al., 2007), increased N utilization efficiency (Chan et al., 2007; Steiner et al., 2008), and reduced $CO_2$ emission (Lehmann, 2007) have been reported. In contrast, very little is known about the effects of hydrochar on soil properties, plant growth, and soil microorganisms (Atkinson et al., 2010; Libra et al., 2011; Verheijen et al., 2010). Rillig et al. (2010) reported that higher addition rates of hydrochar can be harmful to plant growth; in contrast, arbuscular mycorrhiza fungi and other soil microorganisms were stimulated.

It is widely accepted that the decomposition of organic residues in the soil causes N immobilization, in particular if the C/N ratio is $< 25$. However, even at a lower C/N ratio, N immobilization may occur if large amounts of easily degradable residues are involved (Paul, 2007). Steinbeiss et al. (2009) reported that an addition of yeast-derived hydrochar (C/N ratio, ~13) to arable soil increased soil respiration initially. The effects of hydrochar addition on soil N status and potential N immobilization have not been reported. Steinbeiss et al. (2009) assumed that, if there is any nutrient effect of hydrochar, it will be most intense directly after its application to soil and that, despite high initial C release, a more recalcitrant C fraction may contribute to C sequestration in the longer term.

The objective of our study was to investigate the effect of hydrochar addition to soil on N availability and response of sugar beet grown on typical European arable soils in a temperate climate. We hypothesized that, depending on the C/N ratio of the hydrochar, its application affects soil N status differently and thus sugar beet growth and yield. Elevated N fertilization was expected to compensate for a potential N shortage.

## Materials and Methods

### Field Trial: Site and Experimental Design

In 2010, a field trial with sugar beet was established on a Haplic/Stagnic Luvisol derived from loess (WRB, 2006), consisting of 37 g $kg^{-1}$ sand, 835 g $kg^{-1}$ silt, and 128 g $kg^{-1}$ clay (DIN ISO, 1998). The site was located near Goettingen, Germany (51°65' N, 9°88' E). The total soil C content, as determined by dry combustion at 1200 °C followed by gas-chromatographical separation and thermal conductivity detection (NA 1500 N CN analyzer; Fisons, Rodano, Italy), was 10 to 12 g $kg^{-1}$ at the 0- to 30-cm depth. Carbonate-C was assumed to be absent because it is typical for the upper layer of Luvisol derived from loess. Thus, total C can be taken as soil organic C (Schumacher, 2002). Soil analysis on calcium-acetate-lactate–extractable (CAL) phosphorus (P) and potassium (K) (4,8 and 6,4 mg 100 $g^{-1}$), $CaCl_2$–extractable magnesium (Mg) (4,5 mg 100 $g^{-1}$), and $pH_{CaCl2}$ (7) (VDLUFA, 1991a, 1991b, 1991c) showed adequate plant-available nutrient and optimum lime status (Landwirtschaftskammer Niedersachsen, 2011). The long-term mean annual rainfall at this site is 645 mm, and the average air temperature is 8,7 °C (WSG, 2003). Previous crops were winter wheat in 2008 and winter barley in 2009, followed by white mustard as a catch crop. No manure was applied for at least 20 yr.

The experiment was laid out in a split-plot design with four replicates. The main plots (16,2 m × 14 m) were assigned to hydrochar treatments: control (no hydrochar), hydrothermally carbonized sugar beet pulp (HSP), and hydrothermally carbonized beer draff (HBD). The subplots (8,1 m × 7 m) were arranged as four mineral N fertilizer treatments: 0, 50, 100, and 150 kg N $ha^{-1}$ ($N_0$, $N_{50}$, $N_{100}$, and $N_{150}$, respectively), covering the range typical for sugar beet crops in Germany (Merkes et al., 2003).

The hydrochars were produced in a batch reactor (REVATEC GmbH, Geeste, Germany) using sugar beet pulp and beer draff as model feedstocks. Production conditions were the same for both hydrochars: 190 °C carbonization temperature and 12-h reaction time. Plant-available nutrients and basic agrochemical properties of hydrochars are given in Table 1. On 7, 8, and 9 April, hydrochars (DM content 28–41 %) were surface applied manually at a rate of 10 Mg $ha^{-1}$ (DM) and mixed to a soil depth of 15 cm with one pass of a rigid tine cultivator approximately 10 d later when the hydrochars had dried. Drying avoided adhesion of the hydrochars to the tractor tires and cultivator blades. Hydrochar derived from sugar beet pulp consisted of clods up to 3 cm in diameter, whereas HBD particle size was < 1 cm in diameter. After two passes with a light-tine harrow for seedbed preparation, sowing of sugar beet (cultivar Belladonna KWS) was performed on 23 April with a single seed drill. Seeding depth was 1 to 2 cm, in-row seed distance was 7,7 cm, and row width was 45 cm. Nitrogen fertilizer (calcium ammonium nitrate) was broadcasted immediately after sowing. For the 150 kg N $ha^{-1}$ treatment, the N fertilizer was split into two doses to avoid salt stress for emerging beet seedlings (Durrant et al., 1974): after adding the first dose of 100 kg N $ha^{-1}$, the second dose of 50 kg N $ha^{-1}$ was applied at the 6-leaf stage of beet plants in June.

***Table 1.*** *Plant-available nutrients and agrochemical properties of hydrochar derived from sugar beet pulp and beer draff.*

| Hydrochar† | Nutrient content | | | | Agrochemical properties | | | | |
|---|---|---|---|---|---|---|---|---|---|
| | $NO_3$+$NH_4$ | $P_{CAL}$‡ | $K_{CAL}$‡ | $Mg_{CaCl2}$§ | Total C | Total N | C/N | pH | EC¶ |
| | g $kg^{-1}$ | | | | % | | | | mS $cm^{-1}$ |
| HSP | 0,3 | 0,5 | 0,4 | 0,2 | 50,1 | 1,3 | 38,3 | 5,9 | 2,8 |
| HBD | 0,4 | 1,0 | 0,3 | 0,5 | 54,4 | 3,5 | 15,5 | 5,3 | 2,3 |

*† HBD, hydrochar derived from beer draff; HSP, hydrochar derived from sugar beet pulp. ‡ Calcium-ammonium-lactate–extractable. § Calcium chloride extractable. ¶ Electrical conductivity.*

### Field Trial: Samplings and Measurements

Soil samples for mineral $N_{min}$ (N; $NO_3$–N + $NH_4$–N) analysis were taken at the beginning of May, June, and July and at the end of September in $N_0$ fertilizer treatment from depths of 0 to 30, 30 to 60, and 60 to 90 cm. Composite samples of seven subsamples per date, plot, and depth were taken with a 2-cm-diameter soil probe and analyzed (VDLUFA, 1997). In the data obtained, $NO_3$–N was by far the dominating $N_{min}$ species; hence, the sum of $NO_3$–N and $NH_4$–N was presented. In July, composite soil samples of seven subsamples per plot were taken vertically from soil depths of 0 to 15 cm to determine the effective cation exchange capacity (ECEC) at the respective pH of the soil (DIN ISO, 1994).

In two rows per plot, seedling emergence was counted three times in May, and the number of finally established plants was recorded in early June when plants were categorized into three groups according to growth stage (cotyledon-stage, 2- to 4-leaf stage, and ≥4- to 6-leaf stage). Field emergence was calculated from the number of plants emerged divided by the number of seeds placed. Sugar beet was harvested two times during the growing period. At the harvest in early June, surplus plants (leaves, initial taproot, adhering fibrous roots) exceeding the target number of 90.000 plants $ha^{-1}$ were manually collected from the four rows per plot destined for September harvest, so that each third plant in a row was left and continued to grow. Thereby, a uniform stand with an almost equal in-row plant distance of 23 cm was obtained. Until then, only 100 kg N $ha^{-1}$ had been applied in $N_{150}$ treatment; therefore, data from the June harvest include only three N treatments ($N_0$, $N_{50}$, and $N_{100}$). Plants were oven-dried to constant weight at 105 °C, and single plant yield (DM) was calculated. The plant material was ground, and total N, P, and K concentrations were determined as described by Tomanová et al. (2006).

The final harvest was conducted at the end of September. In a first step, the uppermost part of the plant crown plus leaves (subsequently referred to as "top") from a 10,8-$m^2$ area were separated from the beets (taproot plus lower part of the crown) when they were still in the ground by cutting manually directly beneath the eldest green leaf petioles. Top fresh weight was recorded in the field. Representative top subsamples (15–20 tops per plot) were returned to the lab where they were chopped and dried. Subsequently, beets were dug out of the soil with a one-row plot harvester. In the lab, the beets were washed, and fresh weight was recorded. After finely chopping the fresh beet to brei (mush), subsamples were dried and analyzed for total N as described previously. Dry matter yield of beets and tops (Mg $ha^{-1}$) and N uptake (kg N $ha^{-1}$) were calculated from fresh matter yield, DM content, and N content.

**Pot Trial**

In 2011, a pot trial with sugar beet as test crop was conducted in the greenhouse on a loamy sand soil (Cambisol) (World Reference Base of Soil Resources, 2006). The soil was obtained from the topsoil of an arable field near Brunswick, Germany. The soil was sieved to 2 mm to remove coarse stones and plant residues. Texture analysis showed that the soil consisted of 500 g $kg^{-1}$ sand, 416 g $kg^{-1}$ silt, and 84 g $kg^{-1}$ clay (DIN ISO, 1998). The concentration of plant-available nutrients in this soil was 107 mg $kg^{-1}$, 11 mg 100 $g^{-1}$, 10 mg 100 $g^{-1}$, and 6 mg 100 $g^{-1}$ for $N_{min}$, $P_{CAL}$, $K_{CAL}$, and $Mg_{CaCl2}$, respectively (VDLUFA, 1991a, 1991b; VDLUFA, 1997). Nutrient supply was optimal for plant growth according to Landwirtschaftskammer Niedersachsen (2011) except for K, which was added in an amount of 50 mg K $kg^{-1}$ of soil as KCl. Soil pH was adjusted to pH 7 by addition of $CaCO_3$.

The pot trial was set up in a two-factorial, completely randomized block design with six replicates. The experimental factors were hydrochar and N fertilizer application. The hydrochar treatments consisted of control (no hydrochar), HSP, and HBD. The hydrochars were the same as applied in the field trial (Table 1). Hydrochars were added in an amount equivalent to 30 Mg $ha^{-1}$ (DM), resulting in a hydrochar concentration of 1,32 % (w/w, DM), assuming that hydrochars were mixed into a 15-cm soil layer at a dry bulk density of 1,5 Mg $m^{-3}$. The hydrochars were dried to constant weight at 105 °C, ground to < 0,5 mm particle size, and thoroughly mixed into the soil. Nitrogen treatments were 0, 100, and 200 mg N $kg^{-1}$ soil ($N^0$, $N^+$, and $N^{2+}$, respectively). Simultaneously with the hydrochars, the N fertilizers were added as magnesium nitrate hexahydrate and calcium nitrate tetrahydrate dissolved in 150 mL of deionized water. Pots 14 cm in diameter were filled with 1 kg of soil substrate (DM).

Ten pregerminated pelleted sugar beet seeds (cultivar Theresa KWS) were placed into each pot and covered with 1 cm soil plus 1 cm coarse sand to decrease evaporation. Tachigaren fungicide solution was applied to each seedling to control “damping-off disease.” After emergence, plants were thinned to five plants per pot. The greenhouse temperature was maintained at 15 °C. The duration of artificial illumination (Plantastar, 600 W; Osram, Munich, Germany) was 24 h per day from emergence to thinning, after which it was set to 8 h $d^{-1}$ (0500–0900 h and 1600–2000 h). Soil moisture was maintained at approximately 80 % of field capacity by adding deionized water on weight basis three times weekly. After 4 wk of growing (max. 6- to 8-leaf stage), complete plant material except fibrous roots was collected and dried to a constant weight at 105 °C, and the single plant yield was calculated, allowing immediate comparison of data with the field trial results. For several treatments, the weight of plant material obtained from a single pot was too low for the nutrient analysis procedure described previously. Thus, for all treatments, plant material from two pots was merged to a composite sample and used for analysis of total N content, thereby decreasing the number of replicates to three for this parameter. Nitrogen uptake was calculated from plant DM yield and N content on a per-pot basis (mg N $kg^{-1}$ of soil), allowing immediate comparison of data with the results of the $N_{min}$ analysis. For homogeneity of the data, the plant yields used here were recalculated for three replicates and per pot. Soil mineral N analyses were made at the beginning and at the end of the trial according to the method previously described. Nitrate was by far the dominating $N_{min}$ species; the $N_{min}$ data presented include the sum of $NO_3$–N and $NH_4$–N. Additionally, ECEC was determined at the end of the trial as described previously.

### Statistical Analysis

Statistical analysis was conducted using the Statistical Analysis System package (SAS V 9.02; SAS, Cary, NC). For parameters measured with internal replications, arithmetic means were calculated for each plot. Data from the field and the pot trial were submitted to one-way or two-way ANOVA using the Proc Mixed procedure taking hydrochar, N fertilizer rate, and their interaction as fixed effects and block effects as random effects. Normal distribution of data residues was tested (Shapiro Wilk Test, $p \leq 0,1$). Non-normally distributed data were ln transformed, and mean values were retransformed for tabular and graphical presentation. Effects were considered as significant at $p \leq 0,05$; 0,01; or 0,001 (F test). The LSMEANS procedure, including the PDIFF statement (Tukey-Kramer adjustment), was applied to compare individual means at $p \leq 0,05$.

## Results

### Field Experiment

Sugar beet seedling emergence was not affected significantly by hydrochars, N fertilizer level, or their interaction (Fig. 1). However, immediately after emergence, 1 to 10 % of the plants in the hydrochar treatments ceased to grow, and another 10 to 40 % of the plants reduced growth substantially, whereas the remaining plants grew almost unaffected.

This resulted in a substantial lower single-plant yield at the June harvest in the two hydrochar treatments compared with the control (Fig. 2). With HSP, a low N fertilizer level aggravated the stunting effect and decreased the yield to approximately 20 % of the maximum yield obtained in the control treatment. Yield decrease was not caused by a delay in field emergence, as revealed by repeated plant countings in May (data not shown), but by an impaired seedling growth after emergence.

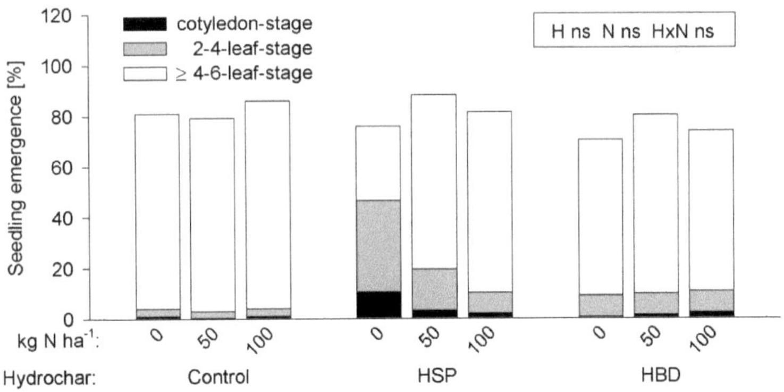


*Fig. 1. Effect of hydrochar (H) derived from sugar beet pulp (HSP) and beer draff (HBD), respectively, and N fertilizer level (N) on seedling emergence and development stage of sugar beet 6 weeks after sowing (field trial; the box provides ANOVA results for percent seedling emergence, ns = not significant).*

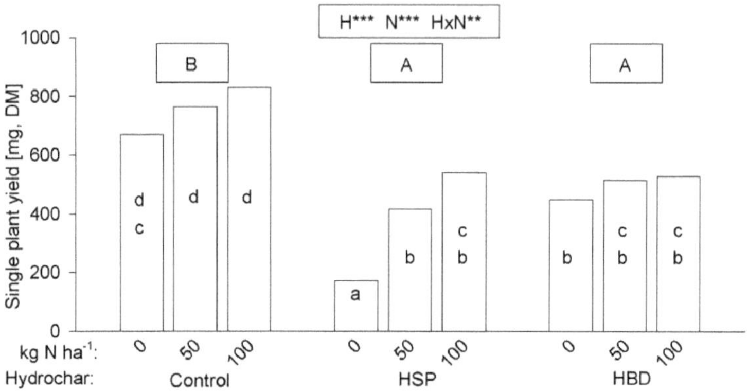


***Fig. 2.*** *Effect of hydrochar (H) derived from sugar beet pulp (HSP) and beer draff (HBD), respectively, and N fertilizer level (N) on yield of single sugar beet plants in June (field trial; the box provides ANOVA results; individual means (lower case letters in columns) and hydrochar means (upper case letters in boxes) with the same letter are not significantly different at p ≤ 0,05).*

The total N content of young sugar beet plants was increased significantly by N fertilizer level across hydrochar treatments, whereas P and K contents were not affected (Table 2). The addition of HSP decreased the K content compared with HBD; the N and P contents remained unaffected by hydrochar application, and interactions did not occur.

At the final September harvest, on average across the N fertilizer levels, top yield was not affected by the hydrochar treatments, whereas beet yield was significantly lower when HSP was applied compared with HBD and control treatment (Fig. 3). This decrease was due to lower beet yield at the $N_0$ and $N_{50}$ fertilizer level.

***Table 2.*** *Total nitrogen, phosphorus, and potassium content in total sugar beet plant tissue at June harvest as affected by hydrochar derived from sugar beet pulp and beer draff and nitrogen fertilizer level (field trial).*

| | N | | | | P | | | | K | | | |
|---|---|---|---|---|---|---|---|---|---|---|---|---|
| Hydrochar† | $N_0$‡ | $N_{50}$ | $N_{100}$ | Mean | $N_0$ | $N_{50}$ | $N_{100}$ | Mean | $N_0$ | $N_{50}$ | $N_{100}$ | Mean |
| | % in DM | | | | | | | | | | | |
| Control | 4,69 | 4,75 | 4,98 | 4,80$^{a§}$ | 0,50 | 0,49 | 0,48 | 0,49$^{a}$ | 8,71 | 9,00 | 9,17 | 8,96$^{ab}$ |
| HSP | 4,60 | 4,76 | 4,96 | 4,77$^{a}$ | 0,56 | 0,53 | 0,50 | 0,53$^{a}$ | 8,33 | 8,24 | 8,88 | 8,48$^{a}$ |
| HBD | 4,68 | 4,77 | 5,04 | 4,85$^{a}$ | 0,51 | 0,50 | 0,51 | 0,51$^{a}$ | 9,37 | 9,56 | 10,32 | 9,58$^{b}$ |
| Mean | 4,66$^{a}$ | 4,77$^{a}$ | 5,00$^{b}$ | | 0,52$^{a}$ | 0,51$^{a}$ | 0,50$^{a}$ | | 8,75$^{a}$ | 8,88$^{a}$ | 9,40$^{a}$ | |

*† HBD, hydrochar derived from beer draff; HSP, hydrochar derived from sugar beet pulp. ‡ Mineral N fertilizer treatments of 0, 50, and 100 kg N ha$^{-1}$. § For each nutrient, means within rows (N fertilizer level) and columns (hydrochar) with the same letter are not significantly different at p ≤ 0,05. Hydrochar and N fertilizer interactions were not significant.*

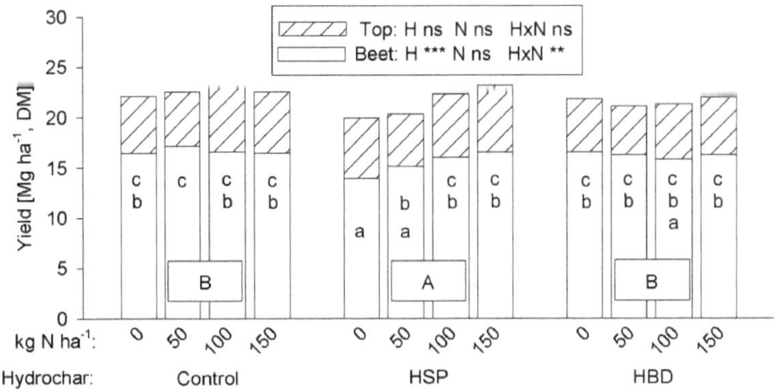


***Fig. 3.*** *Effect of hydrochar (H) derived from sugar beet pulp (HSP) and beer draff (HBD), respectively, and N fertilizer level (N) on the yield of sugar beet top and beet in September (field trial; the box provides ANOVA results, ns = not significant; individual means (lower case letters in columns) and hydrochar means (upper case letters in boxes) with the same letter are not significantly different at p ≤ 0,05).*

At the September harvest, N content in the plant top and beet fraction increased significantly with N fertilizer level (Table 3). Across N fertilizer treatments, HBD application enhanced the N content of the beet in comparison to control and HSP. Nitrogen uptake data combined treatment effects on DM yield and N content (Fig. 4): Increasing the N fertilizer level raised significantly the N uptake of top and beet fraction; compared with the other treatments, HSP application significantly decreased N uptake of the beet, but not of the top.

Soil $N_{min}$ content was recorded in the $N_0$ plots, displaying the effect of hydrochar treatments (Fig. 5).

***Table 3.*** *Total nitrogen content in sugar beet top and beet fraction at September harvest as affected by hydrochar derived from sugar beet pulp and beer draff and N fertilizer level (field trial)*

| | Top | | | | | Beet | | | | |
|---|---|---|---|---|---|---|---|---|---|---|
| Hydrochar[†] | $N_0$[‡] | $N_{50}$ | $N_{100}$ | $N_{150}$ | Mean | $N_0$ | $N_{50}$ | $N_{100}$ | $N_{150}$ | Mean |
| | % in DM | | | | | | | | | |
| Control | 1,98 | 1,88 | 2,16 | 2,23 | 2,06$^{a§}$ | 0,47$^{a}$ | 0,50$^{ab}$ | 0,59$^{cde}$ | 0,66$^{f}$ | 0,56$^{a}$ |
| HSP | 1,71 | 1,86 | 1,90 | 2,05 | 1,88$^{a}$ | 0,50$^{ab}$ | 0,50$^{ab}$ | 0,53$^{abc}$ | 0,62$^{def}$ | 0,54$^{a}$ |
| HBD | 2,00 | 2,26 | 1,97 | 2,21 | 2,11$^{a}$ | 0,52$^{ab}$ | 0,57$^{bcd}$ | 0,61$^{def}$ | 0,65$^{ef}$ | 0,59$^{b}$ |
| Mean | 1,90$^{a}$ | 2,00$^{ab}$ | 2,01$^{ab}$ | 2,16$^{b}$ | | 0,50$^{a}$ | 0,52$^{a}$ | 0,58$^{b}$ | 0,64$^{c}$ | |

*† HBD, hydrochar derived from beer draff; HSP, hydrochar derived from sugar beet pulp. ‡ Mineral N fertilizer treatments of 0, 50, and 100 kg N ha$^{-1}$. § For main effects means within rows (N fertilizer level) and columns (hydrochar) and for the interaction, individual means across rows and columns with the same letter are not significantly different at p ≤ 0,05*

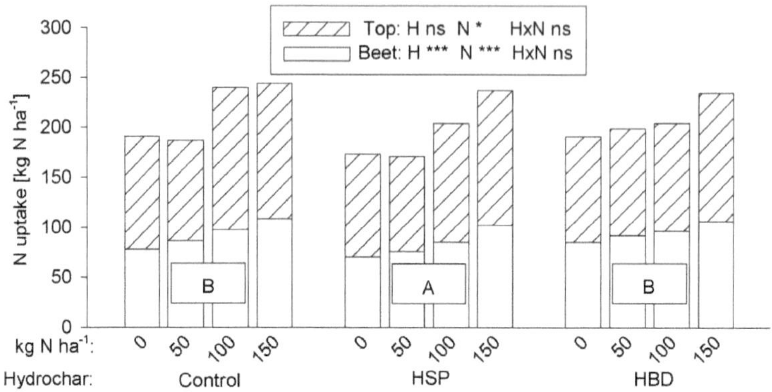


***Fig. 4.*** *Effect of hydrochar (H) derived from sugar beet pulp (HSP) and beer draff (HBD), respectively, and N fertilizer level (N) on N uptake of sugar beet tops and beets (field trial, September harvest; the box provides ANOVA results, ns = not significant; upper case letters in boxes: hydrochar means with the same letter are not significantly different at p ≤ 0,05).*

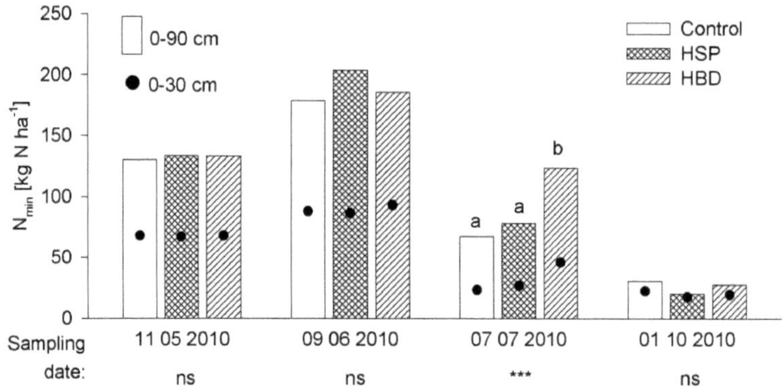


***Fig. 5.*** *Effect of hydrochar derived from sugar beet pulp (HSP) and beer draff (HBD) on soil mineral N content ($N_{min}$) in $N_0$ plots at four dates of the growing season (field trial; ANOVA results are given below dates, ns = not significant; means with the same letter are not significantly different at p ≤ 0,05).*

At the May, June, and September sampling dates, $N_{min}$ was not affected by hydrochar treatment, whereas at the July sampling HBD caused significantly higher $N_{min}$ compared with the other treatments at the 0- to 30-cm and the 0- to 90-cm sampling depths.

The ECEC of the soil was not affected by application of hydrochar (control, 10,7 $cmol_c\ kg^{-1}$; HSP, 11,6 $cmol_c\ kg^{-1}$; HBD, 11,0 $cmol_c\ kg^{-1}$).

**Pot Experiment**

Seedling emergence was not affected by hydrochar treatment and N fertilizer level (data not shown). However, immediately after emergence, HSP addition combined with low N fertilizer level ($N^0$) stunted plant growth severely (Fig. 6); this resulted in by far the lowest plant yield compared with all other treatments (Fig. 7). At the $N^0$ level, yield in the control and HBD treatments was also decreased in comparison to $N^+$ and $N^{2+}$ but reached 40 to 50 % of the maximum values obtained. At the $N^0$ level, HBD caused significantly lower yield compared with the control. At the $N^+$ treatment level, HSP reduced yield in comparison to control and HBD, whereas no significant hydrochar effect occurred at the $N^{2+}$ level.

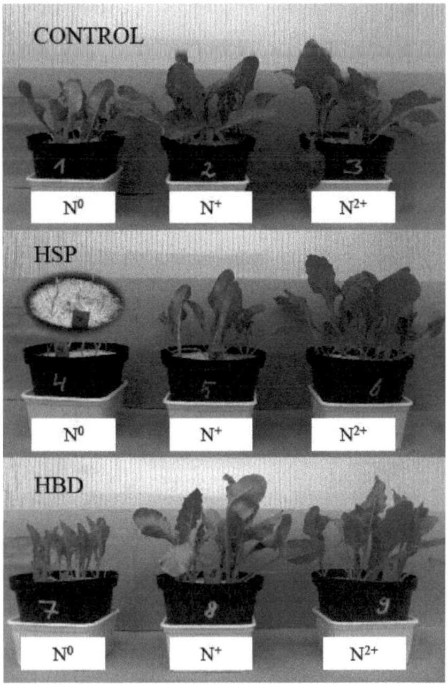


*Fig. 6. Four weeks old sugar beet plants grown in greenhouse under control, hydrochar derived from sugar beet pulp (HSP) and beer draff (HBD), and at three nitrogen levels ($N^0$, $N^+$, $N^{2+}$ represent fertilizer rates of 0, 100, 200 mg N kg$^{-1}$ soil, respectively).*

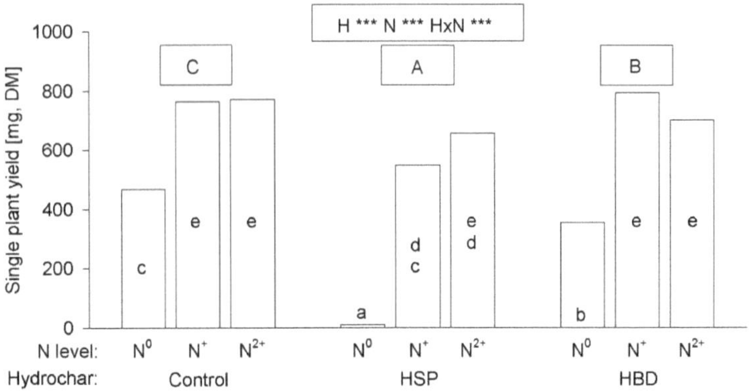


*Fig. 7. Effect of hydrochar (H) derived from sugar beet pulp (HSP) and beer draff (HBD), respectively, and N fertilizer level (N) on yield of single sugar beet plants (pot trial, the box provides ANOVA results; individual means (lower case letters in columns) and hydrochar means (upper case letters in boxes) with the same letter are not significantly different at $p \leq 0,05$).*

Across hydrochar treatments, plant N content increased significantly with increasing N fertilizer level (Table 4), and across N fertilizer levels plant N content was lower in HSP compared with control and HBD. Similar effects occurred for N uptake (Table 4). Additionally, N uptake was significantly lower in the HBD than in the control treatment. This was caused by hydrochar effects occurring at $N^0$ fertilizer level.

At the beginning of the experiment, increasing N fertilizer level raised soil $N_{min}$ content significantly (Table 5). The hydrochar effect differed between N fertilizer levels: At the $N^0$ level, hydrochar had no effect on $N_{min}$, whereas at the $N^+$ level, $N_{min}$ after HBD application was significantly lower than after HSP addition, and at the $N^{2+}$ level, the two hydrochar treatments resulted in lower $N_{min}$ values compared with the control.

***Table 4.*** *Total nitrogen content and nitrogen uptake of 4-wk-old sugar beet plants as affected by hydrochar derived from sugar beet pulp and beer draff and nitrogen fertilizer level (pot trial).*

| | N content | | | | N uptake | | | |
|---|---|---|---|---|---|---|---|---|
| Hydrochar† | $N^{0}$‡ | $N^{+}$ | $N^{2+}$ | Mean | $N^{0}$ | $N^{+}$ | $N^{2+}$ | Mean |
| | % in DM | | | | mg kg$^{-1}$ soil | | | |
| Control | 1,62$^{ab}$§ | 3,13$^{c}$ | 4,46$^{e}$ | 3,07$^{b}$ | 37,79$^{c}$ | 119,46$^{e}$ | 172,09$^{f}$ | 91,93$^{c}$ |
| HSP | 1,20$^{a}$ | 2,02$^{b}$ | 3,83$^{d}$ | 2,35$^{a}$ | 0,60$^{a}$ | 55,42$^{d}$ | 125,21$^{e}$ | 16,10$^{a}$ |
| HBD | 1,75$^{b}$ | 3,31$^{c}$ | 4,67$^{e}$ | 3,24$^{b}$ | 30,91$^{b}$ | 117,21$^{e}$ | 157,28$^{f}$ | 82,94$^{b}$ |
| Mean | 1,52$^{a}$ | 2,82$^{b}$ | 4,32$^{c}$ | | 8,89$^{a}$ | 91,96$^{b}$ | 150,25$^{c}$ | |

*† HBD, hydrochar derived from beer draff; HSP, hydrochar derived from sugar beet pulp. ‡ $N^0$, $N^+$, and $N^{2+}$ indicate nitrogen treatments of 0, 100, and 200 mg N kg$^{-1}$ soil, respectively. § For main effects, means within rows (N fertilizer level) and columns (hydrochar) and for the interaction, individual means across rows and columns with the same letter are not significantly different at $p \le 0{,}05$.*

***Table 5.*** *Soil mineral nitrogen content at the start and at the end of the pot trial as affected by hydrochar derived from sugar beet pulp and beer draff and nitrogen fertilizer level.*

| | Start | | | | End | | | |
|---|---|---|---|---|---|---|---|---|
| Hydrochar† | $N^{0}$‡ | $N^{+}$ | $N^{2+}$ | Mean | $N^{0}$ | $N^{+}$ | $N^{2+}$ | Mean |
| | mg N kg$^{-1}$ | | | | | | | |
| Control | 54,49$^{a}$§ | 117,19$^{bc}$ | 252,23$^{e}$ | 141,30$^{b}$ | 0,72$^{a}$ | 0,66$^{a}$ | 29,73$^{c}$ | 2,41$^{a}$ |
| HSP | 52,33$^{a}$ | 147,66$^{c}$ | 214,50$^{d}$ | 138,16$^{b}$ | 0,90$^{a}$ | 1,22$^{a}$ | 7,38$^{b}$ | 1,76$^{a}$ |
| HBD | 66,56$^{a}$ | 111,18$^{b}$ | 192,21$^{d}$ | 123,32$^{a}$ | 4,76$^{b}$ | 4,77$^{b}$ | 57,07$^{c}$ | 10,91$^{b}$ |
| Mean | 57,79$^{a}$ | 125,34$^{b}$ | 219,65$^{c}$ | | 1,46$^{a}$ | 1,37$^{a}$ | 23,22$^{b}$ | |

*† HBD, hydrochar derived from beer draff; HSP, hydrochar derived from sugar beet pulp. ‡ $N^0$, $N^+$, and $N^{2+}$ indicate nitrogen treatments of 0, 100, and 200 mg N kg$^{-1}$ soil, respectively. § For main effects, means within rows (N fertilizer level) and columns (hydrochar) and for the interaction, individual means across rows and columns with the same letter are not significantly different at $p \le 0{,}05$.*

Analysis after plant harvest revealed higher $N_{min}$ at $N^{2+}$ compared with $N^{+}$ and $N^{0}$, respectively, and in lower values in the control and the HSP compared with the HBD treatment. Compared with the control, the ECEC of the soil was increased significantly by the application of HSP (control, 7,8 $cmol_c\ kg^{-1}$; HSP, 10,2 $cmol_c\ kg^{-1}$; HBD, 8,5 $cmol_c\ kg^{-1}$).

**Discussion**

Nitrogen uptake by the sugar beet radicle is known to start immediately after emergence of the seed, and a N shortage in this early growth stage can decrease plant DM formation substantially (Dürr and Mary, 1998). Our field and pot trials showed that hydrochars reduced early plant growth drastically (HSP) or moderately (HBD), in particular when no N fertilizer was applied, and thus $N_{min}$ level in the soil was low. Consistently, plants exhibited N deficiency symptoms, such as leaf tip necrosis, yellowish leaves, and anthocyanin accumulation (Draycott and Christenson, 2003). Similarly, Rillig et al. (2010) reported diminished plant yield (*Taraxacum* sect. *Ruderalia Kirschner*, H.Øllg. & Štěpánek) in a pot trial when high rates of HSP were applied.

In our pot trial, plants grown at low N fertilizer level revealed an extremely low N content below 2 % in DM in all treatments. Additionally, the plant N content was even lower in the HSP (C/N 38) than in the other treatments, and, in combination with the extremely low yields, the N uptake was close to 0 mg N $kg^{-1}$ of soil. Simultaneously, $N_{min}$ present in the soil at the beginning of the experiment disappeared during the 4-wk growing period. In contrast to HSP, the single plant yield decrease in HBD (C/N 16) treatment occurred with a similar N content compared with the control, which resulted in a lower N uptake. However, the residual soil $N_{min}$ after harvest was higher in HBD compared with the other treatments. At the low N fertilization level, $N_{min}$ present in soil became completely (HSP) or partly (HBD) unavailable for the plants soon after hydrochar addition.

Similar to the pot trial, early plant growth was diminished by hydrochar addition in the field (June harvest) when no N fertilizer was applied. In contrast to yield data and observed N deficiency symptoms, the total N content of plants grown in the field was not decreased by hydrochar addition and within the threshold range of 3,60 to 5,45 % N in DM given by Barlog (cited in Grzebisz et al., 2010) for nondeficient growth of young sugar beet plants. This lack of deficiency indication from N content was probably due to heterogeneous incorporation of coarse hydrochar clumps into the soil, especially in the HSP treatment, resulting in extremely unequal growth of closely adjacent plants. Plants growing in narrow contact to hydrochar clumps clearly became N deficient but made little contribution to the weight of the entire sample analyzed, thereby masking the plant N paucity caused by hydrochar. In accordance with plant N concentrations, soil $N_{min}$ data in May and June obtained from $N_0$ fertilizer plots were equal between treatments.

Results from the pot and field trials raise the question of underlying N transformation processes causing plant N deficiency when hydrochar is added to the soil. Several studies have shown the large N-immobilizing potential of an active microbial community fed with a substrate rich in easily available C, even if the C/N ratio is narrow (Leifeld et al., 2002; Kuzyakov and Bol, 2006). Novak et al. (2010) showed that $NO_3$–N immobilization occurred when crop residues were incorporated with biochar-amended soil, temporarily reducing plant-available $NO_3$–N. Fuertes et al. (2010) discovered lower aromaticity and higher potential reactivity of hydrochar, suggesting less stability in comparison with biochar produced from identical feedstock. Moreover, Steinbeiss et al. (2009) reported increased initial soil respiration when hydrochar was added to arable soil.

Microbial N immobilization was not measured in our trials, but it was assumed to be the main cause for the plant N deficiency observed and thus for the decrease in early growth. Hydrochar derived from sugar beet pulp with a C/N ratio of 38 presumably caused more severe N immobilization compared with HBD (C/N ratio, 16), resulting in less plant-available N. Moreover, the narrower C/N ratio of HBD could have resulted in remineralization of N previously immobilized after several weeks or months, as indicated by the higher $N_{min}$ at the end of the pot trial and at the July sampling in the field.

Increasing the N fertilization level in the pot trial from 0 to 100 mg N $kg^{-1}$ of soil increased plant yield considerably in all treatments. With HBD application, yield was equal compared with the control treatment, and the addition of another 100 mg N $kg^{-1}$ did not further increase yield in either treatment. In contrast, adding 100 mg N $kg^{-1}$ to soil with HSP restored yield incompletely, but at the highest N fertilizer level, yield was equal to the other treatments. Such yield data, when combined with the plant and soil N content data from the medium and high N level, support the assumption of N immobilization as the primary cause for N-deficient growth of young sugar beet plants in intimate contact with hydrochar. In the field trial, even at the highest N fertilizer level, the yield of young plants in the two hydrochar treatments remained lower than in the control. This might be explained by the very high N immobilizing potential of hydrochar clumps, which probably caused low N availability for neighboring plants even if high amounts of N fertilizer were added.

Growth constraints caused by hydrochars were more severe for the plants cultivated in pots compared with the field, which presumably was due to (i) the homogenous distribution of hydrochar resulting in uniform plant development in the pots, (ii) a 3-fold higher hydrochar application rate (pots 1,32 vs. field 0,44 % w/w DM), and (iii) a lower N supply from soil resources in the pots compared with the field. The latter can be derived from the yield increase obtained from N fertilization in the control treatments: Yield increased by 40 % in the pot experiment but only by 15 % in the field.

After mid-June, sugar beet plants in the field trial revealed regular growth in all treatments. At final harvest in late September, sugar beet yield was not diminished by hydrochar application when N fertilizer was applied at a dose common in German agricultural practice (~100 kg N $ha^{-1}$) (Merkes et al., 2003). Top yield, top N content, and N uptake were no longer decreased by hydrochar, indicating that the top growth of the plants could fully compensate for the constraints occurring at the beginning of the growing season. Nevertheless, final beet yield and N uptake persisted at a low level, when HSP was combined with a low N fertilizer level. In contrast, HBD application resulted in a higher N content of the top and the beet fraction, especially at low N levels. This confirms the assumption of remineralization of N, as previously indicated by the higher $N_{min}$ in HBD treatment at the July sampling date.

Although several results indicate that N immobilization is the likely cause for reduced plant N availability, other possible causes for decreased plant growth due to hydrochar application cannot be excluded. Another potential cause for the reduced plant N availability due to hydrochar application could be the adsorption of $NH_4$–N onto $COO^-$ groups of hydrochar (Baccile et al., 2009). In our pot trial, hydrochar addition increased ECEC by 1 and 2,5 $cmol_c\ kg^{-1}$ for HBD and HSP, respectively, compared with the control. However, because $NH_4$–N contributed very little to the soil $N_{min}$, $NH_4$–N adsorption was unlikely to have played an important role in the reduction of plant-available N due to hydrochar addition.

Toxic organic compounds, such as furans, furfurals, and phenols, were shown to be present in the aqueous phase of hydrochars, especially at lower HTC reaction temperatures (Yu et al., 2008; Funke and Ziegler, 2010; Hoekman et al., 2011). Busch et al. (2011) reported severe phytotoxic effects of hydrochar (sugar beet pulp carbonized at 203 °C for 2 h) on barley germination and yield after 10 d of growth. However, when measuring regrowth 28 d after the first harvest, they found a higher barley yield and leaf chlorophyll content (as a measure of N content) in the hydrochar treatments. This may imply (i) a rapid degradation of the harmful substances initially present in the hydrochar and (ii) a N mobilizing effect of the hydrochar applied. In our experiments, sugar beet seedling emergence was not decreased by hydrochar application. Moreover, in the pot trial, hydrochar reduced initial growth at low N level, but high N supply completely remediated yield reduction. Thus, we assume that phytotoxicity was of minor importance in our study. Nevertheless, phytotoxic effects cannot be excluded and may have acted synergistically with reduced N availability.

## Conclusions

Our study shows that hydrochar applied at a rate of 10 to 30 Mg $ha^{-1}$ diminished initial sugar beet growth, which was partly (field trial) and totally (pot trial) alleviated by a high N fertilizer supply. At an adequate N fertilizer level for sugar beet crops, final yield in the field was not decreased by hydrochar application. The data suggest that microbial N immobilization was the main cause for the observed early growth reduction and that the extent of N immobilization was increased with an increasing C/N ratio of the hydrochar. Therefore, when using hydrochar as a soil conditioner, hydrochars with a narrow C/N ratio could diminish the negative effects on plant growth. Conversely, hydrochars with a high N immobilizing potential may be applied to reduce nitrate leaching.

Effects other than microbial N immobilization should be considered as causes for the growth reduction observed. Detailed research on the N transformations involved and potential interactions with phytotoxic effects is needed. Hydrochars differing in properties due to feedstock nature and production conditions should be systematically investigated. Moreover, long-term field experiments are required for a full assessment of hydrochar properties and potentials.

## Acknowledgments

This publication is based on work funded by the DBU (Deutsche Bundesstiftung Umwelt, Germany, project number: AZ 27436 - 35/0). Technical assistance by the staff of the Agronomy Department of the Institute of Sugar Beet Research is gratefully acknowledged. We thank Dr. Nicol Stockfisch, Dr. Anna Jacobs, and M.Sc. Eric Reinsdorf for reviewing the manuscript and giving valuable advice.

## References

Atkinson, C.J., J.D. Fitzgerald, and N.A. Hipps. 2010. Potential mechanisms for achieving agricultural benefits from biochar application to temperate soils: A review. Plant Soil 337:1–18. doi:10.1007/s11104-010-0464-5

Baccile, N., G. Laurent, F. Babonneau, F. Fayon, M.-M. Titirici, and M. Antonietti. 2009. Structural characterization of hydrothermal carbon spheres by advanced solid-state MAS 13C NMR investigations. J. Phys. Chem. C 113:9644–9654. doi:10.1021/jp901582x

Brandt, P. 2009. Hydrothermal carbonization: A notable opportunity to minimize the formation of $CO_2$ or even to avoid it? (In German.) J. Verbr. Lebensm. 4:151–154. doi:10.1007/s00003-009-0472-7

Busch, D., C. Kammann, L. Grünhage, and C. Müller. 2011. Simple biotoxicity tests for evaluation of carbonaceous soil additives: Establishment and reproducibility of four test procedures. J. Environ. Qual. 10.2134/ jeq2011.0122.

Chan, K.Y., L. Van Zwieten, I. Meszaros, A. Downie, and S. Joseph. 2007. Agronomic values of greenwaste biochar as a soil amendment. Aust. J. Soil Res. 45:629–634. doi:10.1071/SR07109

Chan, K.Y., L. Van Zwieten, I. Meszaros, A. Downie, and S. Joseph. 2008. Using poultry litter biochars as soil amendments. Aust. J. Soil Res. 46:437–444. doi:10.1071/SR08036

Deumelandt, P., and O. Christen. 2008. Interaction of important agri-environmental indicators in sugarbeet cultivation systems. (In German.) Zuckerind. 133:719–728.

DIN ISO. 1994. 11260. Soil quality: Determination of effective cation exchange capacity and base saturation level using barium chloride solution. Beuth, Berlin.

DIN ISO. 1998. 11277. Soil quality: Determination of particle size distribution in mineral soil material: Method by sieving and sedimentation. Beuth, Berlin.

Draycott, A.P., and D.R. Christenson. 2003. Nutrients for sugar beet production. CABI Publishing, Oxfordshire, UK.

Durrant, M.J.M., A.P. Draycott, and P.A. Payne. 1974. Some effects of sodium chloride on germination and seedling growth. and seedling growth of sugar beet. Ann. Bot. (Lond.) 38:1045–1051.

Dürr, C., and B. Mary. 1998. Effects of nutrient supply on pre-emergence growth and nutrient absorption in wheat (*Triticum aestivum* L.) and sugarbeet (*Beta vulgaris* L.). Ann. Bot. (Lond.) 81:665–672. doi:10.1006/ anbo.1998.0617

Fuertes, A.B., M.C. Arbestain, M. Sevilla, J.A. Maciá-Agulló, S. Fiol, R. López, R.J. Smernik, W.P. Aitkenhead, F. Arce, and F. Macias. 2010. Chemical and structural properties of carbonaceous products obtained by pyrolysis and hydrothermal carbonisation of corn stover. Aust. J. Soil Res. 48:618–626. doi:10.1071/SR10010

Funke, A., and F. Ziegler. 2010. Hydrothermal carbonization of biomass: A summary and discussion of chemical mechanisms for process engineering. Biofuels Bioprod. Biorefin. 4:160–177. doi:10.1002/bbb.198

Glaser, B., J. Lehmann, and W. Zech. 2002. Ameliorating physical and chemical properties of highly weathered soils in the tropics with charcoal: A review. Biol. Fertil. Soils 35:219–230. doi:10.1007/s00374-002-0466-4

Grzebisz, W., K. Przygocka-Cyna, R. Lukowiak, and M. Biber. 2010. An evaluation of macronutrient nutritional status of sugar beets in critical stages of growth in response to foliar application of multi-micronutrient fertilizers. J. Elementol. 15:493–507.

Hoekman, S.K., A. Broch, and C. Robbins. 2011. Hydrothermal carbonization (HTC) of lignocellulosic biomass. Energy Fuels 25:1802–1810. doi:10.1021/ef101745n

Hu, B., K. Wang, L.H. Wu, S.H. Yu, M. Antonietti, and M.M. Titirici. 2010. Engineering carbon materials from the hydrothermal carbonization process of biomass. Adv. Mater. 22:813–828. doi:10.1002/adma.200902812

Kuzyakov, Y., and R. Bol. 2006. Sources and mechanisms of priming effect induced in two grassland soils amended with slurry and sugar. Soil Biol. Biochem. 38:747–758. doi:10.1016/j.soilbio.2005.06.025

Landwirtschaftskammer Niedersachsen. 2011. Guidelines for fertilization in Lower Saxony. (In German.) Available at http://www.lwkniedersachsen.de/download.cfm/file/341,bd7194a3-237d-eebf5e71baef229eb3ec~pdf.html (verified 28 Nov. 2011).

Lehmann, J., J.P. da Silva, C. Steiner, T. Nehls, W. Zech, and B. Glaser. 2003. Nutrient availability and leaching in an archaeological Anthrosol and a Ferralsol of the Central Amazon basin: Fertilizer, manure and charcoal amendments. Plant Soil 249:343–357. doi:10.1023/A:1022833116184

Lehmann, J. 2007. Bio-energy in the black. Front. Ecol. Environ 5:381–387. doi:10.1890/1540-9295(2007)5[381:BITB]2.0.CO;2

Leifeld, J., S. Siebert, and I. Kogel-Knabner. 2002. Changes in the chemical composition of soil organic matter after application of compost. Eur. J. Soil Sci. 53:299–309. doi:10.1046/j.1351-0754.2002.00453.x

Libra, J.A., K.S. Ro, C. Kammann, A. Funke, N.D. Berge, Y. Neubauer, M.M. Titirici, C. Fühner, O. Bens, J. Kern, and K.H. Emmerich. 2011. Hydrothermal carbonization of biomass residuals: A comparative review of the chemistry, processes and applications of wet and dry pyrolysis. Biofuels 2:71–106. doi:10.4155/bfs.10.81

Märländer, B. 1990. Influence of nitrogen supply on yield and quality of sugar beet. J. Plant Nutr. Soil Sci. 153:327–332. doi:10.1002/ jpln.19901530508

Merkes, R., H. Coenen, F. Hesse, and G. Schütz. 2003. State of the production techniques in sugarbeet: Results of the 2002 survey. (In German.) Zuckerind 128:425–433.

Novak, J.M., W.J. Busscher, D.W. Watts, D.A. Laird, M.A. Ahmedna, and M.A.S. Niandou. 2010. Short-term $CO_2$ mineralization after additions of biochar and switchgrass to a Typic Kandiudult. Geoderma 154:281–288. doi:10.1016/j.geoderma.2009.10.014

Paul, E.A. 2007. Soil microbiology, ecology, and biochemistry. Academic Press, San Diego, CA.

Rillig, M.C., M. Wagner, M. Salem, P.M. Antunes, C. George, H.G. Ramke, M.M. Titirici, and M. Antonietti. 2010. Material derived from hydrothermal carbonization: Effects on plant growth and arbuscular mycorrhiza. Appl. Soil Ecol. 45:238–242. doi:10.1016/j.apsoil.2010.04.011

Röthlein, R. 2006. Magic coal from an autoclave. (In German.) Max Planck Forschung 2:20–25.

Rondon, M.A., J. Lehmann, J. Ramirez, and M. Hurtado. 2007. Biological nitrogen fixation by common beans (*Phaseolus vulgaris* L.) increases with bio-char additions. Biol. Fertil. Soils 43:699–708. doi:10.1007/ s00374-006-0152-z

Schumacher, B.A. 2002. Methods for the determination of total organic carbon (TOC) in soils and sediments. Ecological Risk Assessment Support Center, Office of Research and Development, USEPA, Las Vegas, NV.

Sevilla, M., and A.B. Fuertes. 2009. Chemical and structural properties of carbonaceous products obtained by hydrothermal carbonization of saccharides. Chemistry 15:4195–4203. doi:10.1002/chem.200802097

Sevilla, M., A.B. Fuertes, and M. Rokaya. 2011. High density hydrogen storage in superactivated carbons from hydrothermally carbonized renewable organic materials. Energy Environ. Sci. 4:1400–1410. doi:10.1039/ c0ee00347f

Steinbeiss, S., G. Gleixner, and M. Antonietti. 2009. Effect of biochar amendment on soil carbon balance and soil microbial activity. Soil Biol. Biochem. 41:1301–1310. doi:10.1016/j.soilbio.2009.03.016

Steiner, C., B. Glaser, W.G. Teixeira, J. Lehmann, W.E.H. Blum, and W. Zech. 2008. Nitrogen retention and plant uptake on a highly weathered central Amazonian Ferralsol amended with compost and charcoal. J. Plant Nutr. Soil Sci. 171:893–899. doi:10.1002/jpln.200625199

Titirici, M.M., A. Thomas, and M. Antonietti. 2007. Back in the black: Hydrothermal carbonization of plant material as an efficient chemical process to treat the $CO_2$ problem? N. J. Chem. 31:787–789. doi:10.1039/ b616045j

Tomanová, O., N. Stockfisch, and H.-J. Koch. 2006. Impact of continuous ploughless tillage on growth and nutrient supply of sugarbeet during the growing season. (In German.) Pflanzenbauwissenschaften 10:16–25.

Verheijen, F.G.A., S. Jeffery, A.C. Bastos, M. van der Velde, and I. Diafas. 2010. Biochar application to soils: A critical scientific review of effects on soil properties, processes and functions. EUR 24099 EN, Office for the Official Publications of the European Communities, Luxembourg.

VDLUFA. 1991a. German Agricultural Testing and Research Agency. Soil exploration, method A.6.2.1.1. Determination of phosphorus and potassium using lactate extraction. In Book of methods. Vol. 1. (In German.) VDLUFA-Verlag, Darmstadt, Germany.

VDLUFA. 1991b. German Agricultural Testing and Research Agency. Soil exploration, method A.6.2.4.1. Determination of assimilated magnesium using calcium chloride extraction. In Book of methods, vol. 1. (In German.) VDLUFA-Verlag, Darmstadt, Germany.

VDLUFA. 1991c. German Agricultural Testing and Research Agency. Soil exploration, method A.5.1.1. Determination of the pH-value. In Book of methods. Vol. 1. (In German.) VDLUFA-Verlag, Darmstadt Germany.

VDLUFA. 1997. German Agricultural Testing and Research Agency. Soil exploration, method A. 6.1.4.1. Determination of mineral nitrogen (nitrate and ammonium) in soil profiles ($N_{min}$-laboratory method). In Book of methods. Vol. 1. (In German.) VDLUFA-Verlag, Darmstadt, Germany.

World Reference Base of Soil Resources (WRB). 2006. World Soil Resources Rep. 103. FAO, Rome, Italy.

WSG. 2003. Klimabericht für Göttingen. (In German.) Available at http://www.wetterstation-goettingen.de/berichte/klimabericht.pdf (verified 2 Dec. 2011).

Yu, Y., X. Lou, and H. Wu. 2008. Some recent advances in hydrolysis of biomass in hot-compressed water and its comparisons with other hydrolysis methods. Energy Fuels 22:46–60. doi:10.1021/ef700292p

# 4. Artikel 3: Microcosm study on the decomposability of hydrochars in a Cambisol

Ana Gajić, Hans-Günter Ramke, Anika Hendricks, Heinz-Josef Koch

## Abstract

The process of hydrothermal carbonization (HTC) converts biomass into a carbonaceous product named hydrochar. It is hypothesized that due to a high recalcitrance against microbial decomposition in soil, hydrochar may contribute to carbon (C) sequestration, thereby sustaining its function as a soil conditioner. The objective of this microcosm study was to identify process parameters of hydrochar production affecting the stability of hydrochar-C against decomposition, and thus its C sequestration potential.

A variety of hydrochars differing in processing temperature (180–250 °C) and time (4–12 h), and feedstock material (sugarbeet pulp, draff) as well as reference materials (wheat straw (WS), mature compost (MC), white peat (WP), sugarbeet pulp biochar (SB) were applied to soil in a concentration equivalent to 30 t $ha^{-1}$ incorporated into 15 cm soil depth. After 248 days of incubation, C mineralized from the hydrochars ranged from 12–32 %; it decreased considerably with increasing processing temperature from 200 to 250 °C, and less pronounced with increasing processing time from 4 to 12 h, whereas feedstock had no distinct effect. Higher processing temperature reduced oxygen content in hydrochar thus decreasing its reactivity, which resulted in both a higher amount and mean residence time of the stable hydrochar-C fraction. The mean residence times of tested organic materials followed the order: WS << hydrochars < WP <<< SB, MC. Thus, the application of hydrochar as a soil conditioner under field conditions may offer a moderate potential for C sequestration. A comprehensive evaluation of the complete HTC process chain including C and energy balances is prospectively required.

**Key words:** hydrothermal carbonization, hydrochar production conditions, double exponential decay model, mean residence time (MRT), carbon sequestration

### Introduction

Increasing population and changing human diets in several parts of the world will boost the amount of organic wastes and residues from food production in the near future. Today, such materials are either used as non-modified, composted or digested manures and soil conditioners, for energy supply (heat, electricity, fuel), or landfilling. By such uses most if not all of the carbon (C) contained in parent materials is released to the atmosphere as $CO_2$ or $CH_4$ in short time (days to months) without any additional benefit, thereby contributing to climate change.

Simultaneously, the world's increasing energy demand will raise attraction on crop residues, which are currently left in the field to maintain soil organic carbon (SOC) stocks. Moreover, production systems will shift to crops such as energy maize with only little amounts of residues remaining in the field. Such developments risk to decrease the SOC level of arable soils in the longer term, thereby threatening SOC related soil properties such as soil aggregate formation and stability, water infiltration and storage, soil aeration, nutrient storage and buffering, and finally crop yield [1]. Full return of crop residues to European arable soils may increase soil carbon levels by up to 0,7 Mg C $ha^{-1}$ $yr^{-1}$ [2-4]. Depending on soil, climate, crops/crop rotation, and tillage system, the negative effect of residue removal on soil quality may occur after a few years already [1;5-9].

The SOC level might be conserved or restored through the application of adequate amounts of poorly stabilized materials such as green or animal manure, or stabilized materials, mainly composts, and recently biochar [10]. Biochar is usually characterized by a very high recalcitrance against microbial decomposition [11-13], thus offering the potential to climate change mitigation [14].

The technical process of hydrothermal carbonization (HTC) converts biomass low in dry matter (DM) content into a C-rich lignite alike product [15-17], denoted here as hydrochar [18]. The reaction takes place in aqueous milieu under saturated pressure and elevated temperature (180–250 °C) within a few hours (4–12 h) [15-17;19;20]. During HTC, the various components of the initial biomass are modified by chemical transformations: hydrolysis, dehydration, decarboxylation, condensation, polymerization, and aromatization [20]. The physicochemical properties of hydrochars are affected by the type of feedstock [21], and the production conditions; namely temperature and time of processing [17;22-24]. Hydrochars produced from simple chemical compounds and lignocellulosic feedstocks were shown to consist of sphere-like microparticles of 1–10 µm in diameter [25] with a surface area up to 30 $m^2$ $g^{-1}$ [26], and cation exchange capacity of 134 $mmol_c$ $kg^{-1}$ [27]. Accordingly, hydrochar may be designated as a soil conditioner [18;28;29]. Preliminary short-term studies on the effects of hydrochar applied to soil showed diminished plant growth due to reduced plant available nitrogen [30;31], reduced germination and growth as a result of phytotoxicity [32], and an increase of soil cation exchange capacity and field capacity up to 40 % and 9 %, respectively [33].

Compared to composting of plant wastes and residues, the process of HTC presumably has a higher C conversion efficiency, which amounts to ~ 90 % of the initial biomass C if the solid (hydrochar) and liquid phase C are summed up [16;22;34]. The C distribution in the solid, liquid, and gaseous HTC product phase was found to account for ~ 75, 20, and 5 %, respectively [16]. Derived from studies on biochar it is hypothesized that hydrochars (solid phase) might similarly offer an increased stability against microbial decomposition [17;25;27]. First studies showed enhanced microbial activity [35] and increased $CO_2$ emissions from hydrochar amended soils [21;30;36;37]. From a laboratory trial the mean residence times (MRT) of hydrothermally carbonized $^{13}$C-glucose and $^{13}$C-yeast were estimated as 4 and 29 years, respectively [21]. There is, however, a lack of systematic studies on the effect of feedstock and hydrochar production conditions on its actual stability against decomposition in soils.

Thus, the objectives of the present study were: i) to quantify the stability of hydrochar against microbial decomposition compared to other organic materials used as soil conditioners, and ii) to elucidate the effect of hydrochar feedstock and production conditions (processing temperature and time) on its decomposability in an arable soil. Our study aimed to contribute to an evaluation of the potential of hydrochar for C sequestration and climate change mitigation, and to optimize hydrochar properties for this purpose.

## Material and methods

### Hydrochar production

The hydrochar production conditions were systematically varied regarding processing temperature (180, 200, and 250 °C) and time (4, 12 h), and model feedstock (sugarbeet pulp, draff). The hydrochars were produced in an experimental batch (25 L) reactor at the University of Applied Sciences Ostwestfalen-Lippe (Campus Höxter, Germany).

The reactor was filled with de-ionized water and the feedstock was added in a respective amount to achieve an initial DM content of about 15 %. Subsequently, calcium carbonate was supplemented to the reactor in an adequate amount to assure a pH value of about 5 in the hydrochars obtained. This measure was taken to avoid formation of formaldehyde and other substances which might affect plant growth negatively. The production process (Fig. 1) was started up by heating for 2–6,5 h, depending on the targeted processing temperature. It was maintained for the targeted processing time. After the reactor had cooled down overnight (5,5–13 h), the suspension was removed from the reactor and separated into a liquid and a solid phase (hydrochar) by vacuum suction filtration. The hydrochar was dried at 105 °C and ground to a particle size < 0,5 mm for storage.

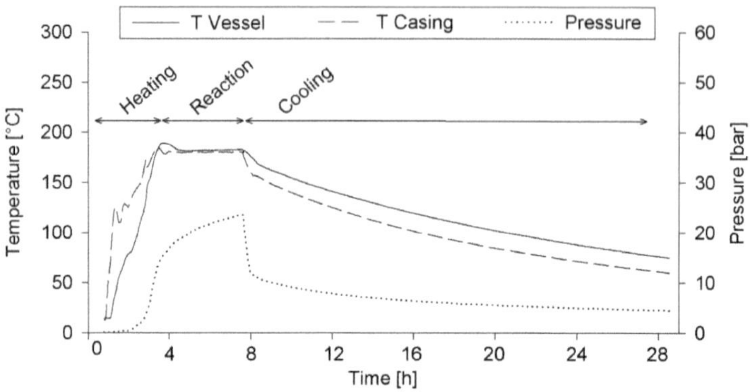


*Fig. 1. Hydrothermal carbonization (HTC) - production conditions for hydrochar processed from sugarbeet pulp at temperature of 180 °C and time of 4 h as an example. The temperature (T) was measured within vessel and casing of the HTC reactor.*

**Properties of original feedstock, hydrochar, and reference materials**

Beside hydrochars, several commercial organic materials used for soil amendment were tested as reference materials: mature compost (Kompostwerk Göttingen, Germany), white (garden) peat (AGRAVIS Raiffeisen AG, Münster, Germany), winter wheat straw, and pyrogenic biochar from sugarbeet pulp (PYREG GmbH, Dörth, Germany). Basic chemical properties of the investigated materials are given in Table 1.

Electrical conductivity (EC) and pH value were measured in the HTC-suspension [38]. The total contents of carbon (C), hydrogen (H), and nitrogen (N) were determined by elementary analysis (Elementar Analysensysteme GmbH, Vario Macro, Hanau, Germany). The oxygen (O) content was calculated as the difference between the loss on ignition (550 °C) and the sum of C, H, and N content. Total inorganic carbon (TIC) was quantified using the Scheibler method: After adding hydrochloric acid (HCl) to a bulk sample the evolving $CO_2$ was measured volumetrically. Total organic carbon (TOC) was calculated as the difference between total C and TIC. However, TIC contributed only 1–2 wt% to total C, and thus total C was taken as TOC and is addressed as C in the further text. The H/C and O/C mol ratios of original feedstocks, hydrochars, and reference materials are presented as a Van-Krevelen-Diagram (Fig. 2), giving information on the carbonization degree of biomass during the HTC process.

**Incubation experiment**

The soil used in the incubation trial was taken from the $A_p$ horizon of a Cambisol [39] from an arable field near Brunswick (Germany), and sieved to $\leq 2$ mm to remove coarse stones and plant residues. The texture analysis revealed 50 % sand, 42 % silt, and 8 % clay [40]. The total C content of the soil, as determined by dry combustion at 1200 °C followed by gas-chromatographical separation and thermal conductivity detection (NA 1500 N CN-analyzer, Fisons Instruments, Rodano, Italy), was 1 %. The plant available nutrient concentrations in the soil were 107 mg N $kg^{-1}$ [41], 11 mg P 100 $g^{-1}$ [42], 10 mg K 100 $g^{-1}$ [42], and 6 mg Mg 100 $g^{-1}$ [43].

The incubation trial was conducted in closed glass Erlenmeyer flasks (500 ml, 10 cm in diameter, 17 cm tall). The dry and ground organic materials were thoroughly mixed into 50 g of air-dried soil. The concentration of organic materials in soil was 1,32 wt% (DM), thereby simulating a field application rate of 30 t $ha^{-1}$ (DM) incorporated into the upper 15 cm soil layer at a dry bulk density of 1,5 g $cm^{-3}$.

The treatments were: untreated control, mature compost, white peat, wheat straw, sugarbeet pulp biochar, $S_{12/180}$, $S_{4/180}$, $S_{4/200}$, $S_{4/250}$, $D_{12/180}$, $D_{4/180}$, $D_{4/200}$, and $D_{4/250}$ (S = sugarbeet pulp, D = draff; subscripted numbers refer to processing time (4, 12 h) and processing temperature (180, 200, 250 °C)). De-ionized water was added to each treatment to obtain a soil water content of 60 wt% of the maximum water holding capacity. The moist soil-organic material mixtures were then placed into the flasks. The treatments were set up in four replicates. The flasks were incubated in the dark at ~ 22 °C for 248 days.

A polypropylene container filled with a sodium hydroxide solution (20 ml 1M NaOH) was fixed to a rubber plug used to seal the flask and placed in the headspace of the flask. The amount of NaOH was adjusted to the expected flux rate so that less than 50 % of the $CO_2$-absorption capacity of NaOH was utilized. After 3, 7, 10, 14, 18, 24, 38, 51, 66, 80, 90, 122, 178, and 248 days the NaOH solution in the containers was replaced by fresh one. When exchanging the NaOH solution the soil-organic material mixtures in the flasks were gently shaken, and de-ionized water was added in order to maintain the soil moisture content as previously described. The amount of trapped $CO_2$ was determined by titration of the excess NaOH to pH 8,8 with 1M HCl using a TitroLine Titrator (SI Analytics, Mainz, Germany). Barium chloride solution (20 ml 1 M $BaCl_2$) was added before titration to assure precipitation of carbonates.

**Carbon mineralization kinetics**

The amount of apparent C mineralized (%) from organic materials was calculated assuming no priming effect [44]:

$$\text{C mineralized (\%)} = (C_{\text{treatment}(248d)} - C_{\text{control}(248d)}) / \text{C applied by treatment} \times 100 \qquad (1)$$

In order to mathematically describe the stability of hydrochars and reference materials against microbial decomposition in soil, a first-order double exponential decay model was used to fit the mineralization data of the treatments [37;45;46]:

$$C_{total} = C_1\,(1-e^{-k1t}) + C_2\,(1-e^{-k2t}) \quad (2)$$

A double-exponential model was used in order to quantify the turnover of $C_1$ which was considered as a labile C fraction with a high turnover rate ($k_1$), and $C_2$, which corresponded to a stable C fraction with a slower turnover rate ($k_2$) [47].

The mean residence times of both C fractions ($MRT_1$, $MRT_2$) were calculated from the turnover rates $k_1$ and $k_2$, and summarized on yearly basis for graphical presentation:

$$MRT = MRT_1 + MRT_2 = (1/k_1)/365 + (1/k_2)/365 \quad (3)$$

### Statistical analysis

Statistical analysis was conducted with the Statistical Analysis System package (SAS V 9.02, Cary, NC, USA). Data were submitted to a one or two way analysis of variance (ANOVA) using the standard PROC MIXED procedure [48]. Normal distribution of data residues was tested using Univariate procedure (Shapiro-Wilk-Test, $p \leq 0{,}1$). Not normally distributed data were transformed logarithmically (ln) and mean values were re-transformed for tabular and graphical presentation. Effects were considered as significant (F-Test) at $p \leq 0{,}05$ (*), 0,01 (**) and 0,001 (***). The LSMEANS procedure, including the PDIFF statement (Tukey-Kramer adjustment), was applied to compare individual means at $p \leq 0{,}05$. Pearson correlation coefficients were calculated using Proc CORR procedure (N = 8 hydrochars) for the following variables: C mineralized from hydrochar, $C_1$, $C_2$, $MRT_1$, $MRT_2$, processing temperature, processing time, C %, H %, N %, O %, H/C and O/C mol ratio. Correlation coefficients were considered as significant at $p \leq 0{,}05$. Kinetic parameters for a double exponential decay model were determined using nonlinear regression analysis (SigmaPlot 11.0, tolerance 1 $e^{-10}$, stepsize 100, iterations 1200).

## Results

### Chemical properties of hydrochars

Hydrothermal carbonization of biomasses resulted in 20–37 % higher C, 22–60 % lower O, and 2–12 % lower H contents in comparison to the original feedstock (relative differences). Such shifts in elemental composition became more pronounced with increasing processing temperature, while processing time caused only small changes (Tab. 1).

*Table 1. Basic chemical properties of original feedstocks used for hydrochar production, hydrochars, and reference materials.*

| Organic material | C | H | N | O | C/N | Heat of combustion |
|---|---|---|---|---|---|---|
| | [% DM] | | | | [ ] | [MJ kg⁻¹ DM] |
| Sugarbeet pulp (original feedstock) | 39,9 | 5,1 | 1,1 | 32,5 | 34,8 | 15,35 |
| Hydrochars from sugarbeet pulp | | | | | | |
| $S_{12/180}$§ | 49,2 | 4,7 | 1,5 | 23,4 | 33,5 | 18,98 |
| $S_{4/180}$ | 48,3 | 4,7 | 1,5 | 25,3 | 32,8 | 18,88 |
| $S_{4/200}$ | 47,9 | 4,6 | 1,4 | 24,2 | 33,4 | 19,30 |
| $S_{4/250}$ | 52,5 | 4,5 | 1,7 | 15,5 | 30,3 | 21,39 |
| Draff (original feedstock) | 46,8 | 6,4 | 3,8 | 33,9 | 12,5 | 19,25 |
| Hydrochars from draff | | | | | | |
| $D_{12/180}$ | 59,0 | 6,3 | 3,7 | 21,3 | 15,8 | 25,06 |
| $D_{4/180}$ | 56,8 | 6,1 | 3,6 | 24,1 | 15,8 | 23,06 |
| $D_{4/200}$ | 58,0 | 6,1 | 3,6 | 22,4 | 16,0 | 24,86 |
| $D_{4/250}$ | 64,2 | 6,1 | 4,1 | 13,6 | 15,7 | 28,27 |
| Reference materials | | | | | | |
| Wheat straw | 44,3 | 5,9 | 0,5 | 40,0 | 88,6 | 18,50 |
| Mature compost | 22,7 | 2,3 | 2,0 | 13,2 | 11,4 | 8,27 |
| White peat | 56,1 | 5,4 | 1,1 | 34,9 | 51,0 | 22,24 |
| S-Biochar | 68,5 | 0,5 | 0,4 | 2,5 | 171,2 | 26,98 |

*§ S = sugarbeet pulp, D = draff, subscripted numbers refer to processing time [h] / processing temperature [°C]. DM = dry matter*

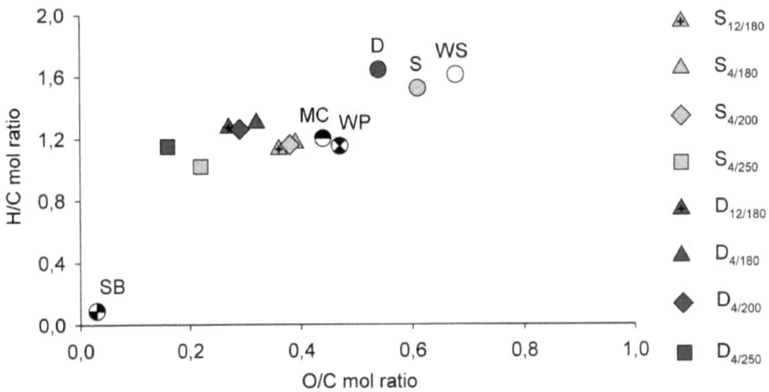


*Fig. 2. Van-Krevelen-Diagram showing the degree of carbonization of hydrochars (S = sugarbeet pulp, D = draff; subscripted numbers refer to processing time (4, 12 h) and processing temperature (180, 200, 250 °C)). Reference materials included (WS = wheat straw, MC = mature compost, WP = white peat, SB = sugarbeet pulp biochar).*

The changes were more pronounced when draff was used as feedstock. Hydrothermal carbonization increased the N content by 27–55 % when processing sugarbeet pulp to hydrochar, whereas it remained almost unaffected for the draff feedstock. The C/N ratio slightly decreased for sugarbeet pulp and increased for draff. The hydrochars yielded a 20–47 % higher heat of combustion value compared to the feedstocks. They had a pH value of 4,7–5,0 (sugarbeet pulp hydrochars) and 5,1–

5,5 (draff hydrochars). Electrical conductivity was 9,5–12,1 and 9,7–10,4 mS $cm^{-1}$ for hydrochar derived from sugarbeet pulp and draff, respectively. Mol ratios (H/C, O/C) of feedstocks and straw were in the typical range for lignocellulosic biomasses (Fig. 2). At mild HTC process conditions (4 h, 180–200 °C), hydrochars possessed H/C and O/C ratios similar to white peat and mature compost, while at a temperature of 250 °C the mol ratios were strongly decreased in comparison to the feedstock. Sugarbeet pulp biochar exhibited the highest carbonization degree with both mol ratios below 0,1.

**Carbon turnover**

In comparison to untreated control soil, soil amended with wheat straw showed the highest rates of $CO_2$-C release, whereas the incorporation of mature compost, white peat or sugarbeet pulp biochar had minimal effects on $CO_2$-C release (Fig. 3a).

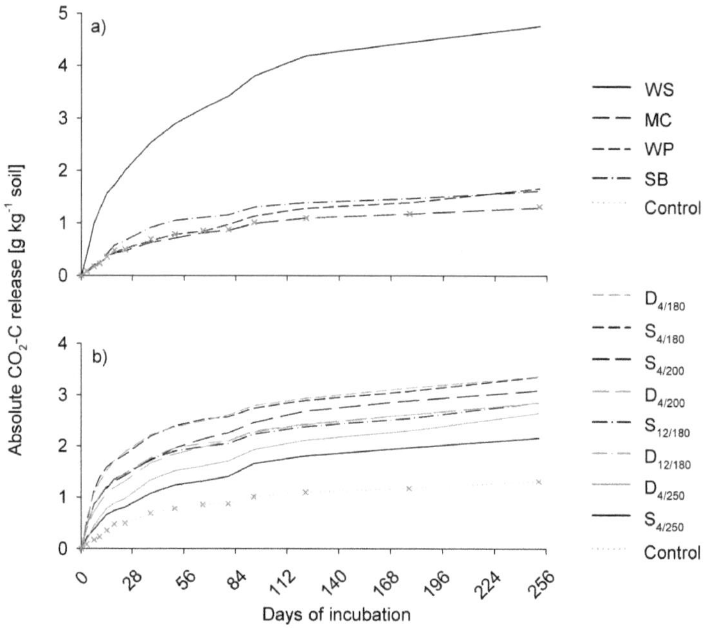


***Fig. 3.*** *Cumulative absolute $CO_2$-C release from soil amended with a) various reference materials (WS = wheat straw, MC = mature compost, WP = white peat, SB = sugarbeet pulp biochar), b) hydrochars (S = sugarbeet pulp, D = draff; subscripted numbers refer to processing time (4, 12 h) and processing temperature (180, 200, 250 °C)) compared to an untreated control soil. Days of measurement are marked with "x" in the control treatment.*

Hydrochar addition substantially increased the $CO_2$-C release compared to the untreated control soil during the first two to four weeks of incubation (Fig. 3b). Subsequently, the $CO_2$-C release rates from the hydrochar treatments were equal to the control. After 248 days, the cumulative amount of released $CO_2$-C was significantly higher from all hydrochar treatments compared to the control except $S_{4/250}$ (not shown). Hydrochar production at higher temperature and for longer time decreased the absolute $CO_2$-C release; feedstock material had no distinct effect.

The effects of processing conditions on the apparent C mineralization from hydrochars were examined in more detail by calculating two separate two way ANOVA for the effects of feedstock and processing temperature (Fig. 4a), and feedstock and processing time (Fig. 4b). The amount of C mineralized from hydrochar was not affected by the feedstock, whereas it decreased significantly by increasing the processing temperature from 200 to 250 °C, and by increasing the processing time from 4 to 12 h. No interactions occurred with the feedstock.

The double exponential decay model was found to be suitable for the description of the turnover kinetics of hydrochar C (Tab. 2) and for the reference materials (Fig. 5). Across feedstocks, the amount of the labile $C_1$ fraction decreased significantly by increasing the processing temperature from 180 to 250 °C and by increasing the processing time from 4 to 12 h. No effect of the feedstock occurred. The amount of the stable $C_2$ fraction increased with enhanced processing temperature, however no distinct effect of the processing time was found. Across processing temperature and time, the amount of $C_2$ was significantly higher when draff was used as feedstock.

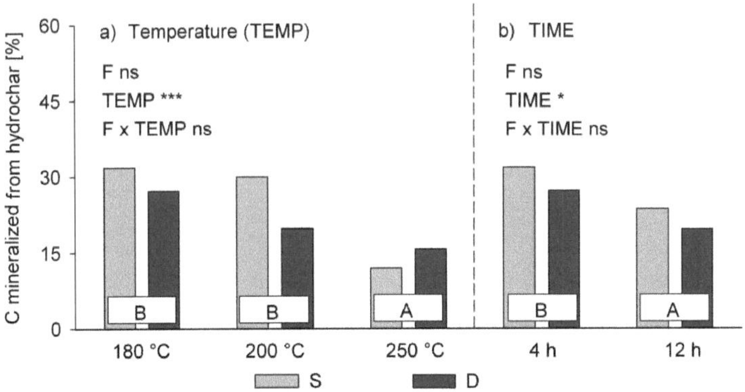


*Fig. 4. Carbon (C) mineralized from hydrochars produced from sugarbeet pulp (S) and draff (D) as feedstock (F) a) at a temperature (TEMP) of 180, 200 and 250 °C (time 4 h) and b) for a time of 4 and 12 h (TEMP 180 °C) after 248 days of incubation. ANOVA results are given in boxes; means across feedstocks with the same letter (boxes over bars) are not significantly different at p ≤ 0,05 (Tukey).*

***Table 2.*** *Size of labile ($C_1$) and stable ($C_2$) carbon fractions in hydrochars added to soil, and corresponding decay rates ($k_1$, $k_2$), and mean residence times ($MRT_1$, $MRT_2$) estimated from a double exponential decay model. Data are shown for hydrochars processed from sugarbeet pulp (S) and draff (D) at a processing temperature of 180, 200, and 250 °C (time 4 h) and for a time of 4 and 12 h (temperature 180 °C).*

| Hydrochar | Temperature | | | | Time | | |
|---|---|---|---|---|---|---|---|
| | 180 °C | 200 °C | 250 °C | Mean | 4 h | 12 h | Mean |
| Labile carbon fraction | | | | | | | |
| $C_1$ [g $kg^{-1}$ soil] | | | | | | | |
| S | 1,44 | 1,23 | 1,00 | 1,23 | 1,44 | 0,94 | 1,19 |
| D | 1,43 | 1,00 | 0,80 | 1,08 | 1,43 | 0,94 | 1,18 |
| Mean | $1{,}44^{b}$ | $1{,}12^{ab}$ | $0{,}90^{a}$ | | $1{,}44^{b}$ | $0{,}94^{a}$ | |
| $k_1$ | | | | | | | |
| S | 0,1379 | 0,1087 | 0,1203 | 0,1220 | 0,1379 | 0,1412 | 0,1395 |
| D | 0,1161 | 0,1279 | 0,0485 | 0,0938 | 0,1161 | 0,1412 | 0,1284 |
| Mean | 0,1267 | 0,1181 | 0,0804 | | 0,1267 | 0,1412 | |
| $MRT_1$ [d] | | | | | | | |
| S | 7,45 | 11,06 | 8,31 | 8,94 | 7,45 | 7,26 | 7,36 |
| D | 8,71 | 9,38 | 22,87 | 13,65 | 8,71 | 7,26 | 7,99 |
| Mean | 8,08 | 10,22 | 15,59 | | 8,08 | 7,26 | |
| Stable carbon fraction | | | | | | | |
| $C_2$ [g $kg^{-1}$ soil] | | | | | | | |
| S | 4,93 | 5,03 | 6,76 | $5{,}57^{a}$ | $4{,}93^{a}$ | $5{,}54^{b}$ | $5{,}23^{a}$ |
| D | 6,03 | 6,62 | 7,64 | $6{,}76^{b}$ | $6{,}03^{c}$ | $5{,}54^{b}$ | $5{,}78^{b}$ |
| Mean | $5{,}48^{a}$ | $5{,}82^{a}$ | $7{,}20^{b}$ | | 5,48 | 5,54 | |
| $k_2$ | | | | | | | |
| S | 0,0005 | 0,0005 | 0,0003 | 0,0005 | 0,0005 | 0,0005 | 0,0005 |
| D | 0,0005 | 0,0003 | 0,0003 | 0,0004 | 0,0005 | 0,0005 | 0,0005 |
| Mean | 0,0005 | 0,0004 | 0,0003 | | 0,0005 | 0,0005 | |
| $MRT_2$ [yr] | | | | | | | |
| S | 5,43 | 5,52 | 8,04 | 6,33 | 5,43 | 6,01 | 5,72 |
| D | 5,85 | 8,28 | 8,56 | 7,56 | 5,85 | 6,01 | 5,93 |
| Mean | 5,64 | 6,90 | 8,30 | | 5,64 | 6,01 | |
| $R^2$ (complete model) | | | | | | | |
| S | 0,9838 | 0,9684 | 0,9512 | | 0,9838 | 0,9884 | |
| D | 0,9894 | 0,9769 | 0,9872 | | 0,9894 | 0,9866 | |

*For main effects means within rows (temperature, time) and columns (feedstock) and for the interaction individual means across rows and columns with the same letter are not significantly different at $p \leq 0{,}05$. When no letters are displayed, means are not significantly different either (Tukey).*

The decomposition rates (k) of both C fractions were not significantly affected by processing temperature and time, nor feedstock. Likewise, the mean residence times of the labile ($MRT_1$) and the stable C fractions ($MRT_2$) of the hydrochars were not affected either; even though there was a consistent increase with increasing processing temperature and time, and draff compared to sugarbeet pulp feedstock.

Carbon mineralized from hydrochar correlated positively with the labile $C_1$ fraction, and negatively with the stable $C_2$ and the respective $MRT_2$ (Tab. 3). A negative correlation was also found to be significant between C mineralized from hydrochar and processing temperature, while the O content and the O/C mol ratio was correlated positively with the C mineralized from hydrochars. Carbon and O content, and the O/C mol ratio revealed a close positive or negative correlation with another, and with $C_2$ and $MRT_2$. These parameters of the decay models were most closely correlated to the O/C mol ratio which also revealed a close negative correlation to the processing temperature. Moreover, there was a positive correlation between processing temperature and $C_2$ and $MRT_2$.

***Table 3.*** *Pearson's correlation coefficients for carbon mineralized from hydrochar ($C_{min}$) and selected hydrochar properties and production conditions. N = 8. Labile hydrochar-C fraction ($C_1$), stable hydrochar-carbon ($C_2$), mean residence time of $C_1$ fraction ($MRT_1$), mean residence time of $C_2$ fraction ($MRT_2$), processing temperature (TEMP), processing time (TIME), carbon content (C), hydrogen content (H), nitrogen content (N), oxygen content (O), hydrogen/carbon mol ratio (H/C), oxygen/carbon mol ratio (O/C).*

| | $C_{min}$ | $C_1$ | $C_2$ | $MRT_1$ | $MRT_2$ | TEMP | TIME | C | H | N | O | H/C |
|---|---|---|---|---|---|---|---|---|---|---|---|---|
| | [g kg soil$^{-1}$] | | | [day] | [year] | [°C] | [hour] | % | | | | [] |
| $C_1$ | 0,81* | | | | | | | | | | | |
| $C_2$ | -0,80 | -0,61 | | | | | | | | | | |
| $MRT_1$ | -0,36 | -0,44 | 0,69 | | | | | | | | | |
| $MRT_2$ | -0,83 | -0,66 | 0,93 | 0,56 | | | | | | | | |
| TEMP | -0,77 | -0,52 | 0,79 | 0,66 | 0,80 | | | | | | | |
| TIME | -0,06 | -0,41 | -0,31 | -0,36 | -0,32 | -0,45 | | | | | | |
| C | -0,56 | -0,52 | 0,77 | 0,61 | 0,64 | 0,37 | -0,04 | | | | | |
| H | -0,20 | -0,22 | 0,44 | 0,34 | 0,30 | -0,07 | 0,05 | 0,88 | | | | |
| N | -0,36 | -0,33 | 0,60 | 0,46 | 0,46 | 0,13 | -0,02 | 0,96 | 0,98 | | | |
| O | 0,89 | 0,70 | -0,86 | -0,67 | -0,81 | -0,92 | 0,16 | -0,60 | -0,16 | -0,35 | | |
| H/C | 0,40 | 0,28 | -0,18 | -0,13 | -0,28 | -0,64 | 0,03 | 0,38 | 0,77 | 0,63 | 0,50 | |
| O/C | 0,89 | 0,69 | -0,91 | -0,65 | -0,84 | -0,80 | 0,11 | -0,81 | -0,46 | -0,62 | 0,94 | 0,20 |

* *Underlined correlation coefficients are significant at $p \leq 0,05$.*

A comparison of the most stable hydrochars ($S_{4/250}$, $D_{4/250}$) with the reference materials included in the study (Fig. 5) revealed that C mineralization was highest in the wheat straw treatment (58,4%)

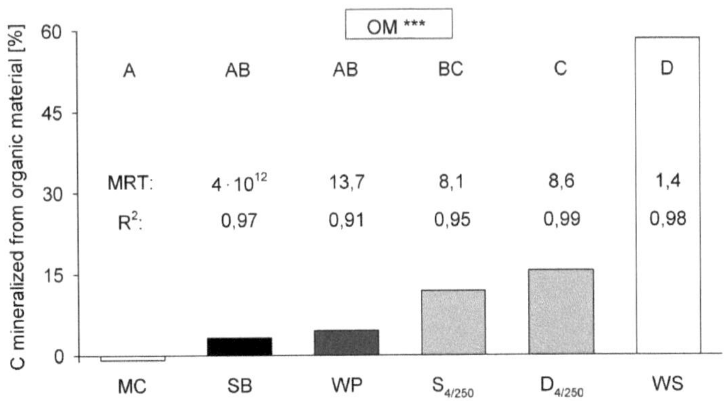


***Fig. 5.*** *Carbon (C) mineralized from hydrochars produced from sugarbeet pulp (S) and draff (D) at a temperature of 250 °C and time of 4 h and reference materials (WS = wheat straw, MC = mature compost, WP = white peat, SB = sugarbeet pulp biochar) after 248 days of incubation. MRT = mean residence time in years. ANOVA results: organic materials (OM) labeled with the same letter are not significantly different at p ≤ 0,05 (Tukey).*

while the mature compost had a zero C mineralization (-0,8%) and consequently, data were not used for MRT calculation. Carbon mineralized from hydrochar $D_{4/250}$ (16,0%) and $S_{4/250}$ (12,0%) was higher compared to white peat (4,5%) and sugarbeet pulp biochar (3,2%). Correspondingly, the mean residence times followed the order: wheat straw << $D_{4/250} = S_{4/250}$ < white peat << sugarbeet pulp biochar (Fig. 5).

**Discussion**

The stability of organic matter and organic C against decomposition in soil is determined by three major factors: soil organisms, the physicochemical environmental conditions, and the properties of the organic matter [49]. This study focuses on the properties of the applied hydrochars resulting from different feedstocks and hydrochar production conditions.

Hydrothermal conversion of plant biomass is, among others, characterized by dehydration and decarboxylation [16;26;50] which was evident in our study through the increase in C content and the decrease in the H/C and O/C mol ratios of the hydrochars compared to the original feedstocks (Fig. 2). The properties of hydrochar are influenced by the physicochemical characteristics of the feedstock and the production conditions, namely temperature, and to minor extent, time of processing [16;21-24;51]. In our study, the differences between feedstocks in C and N content (Tab. 1) did not affect the degree of carbonization of hydrochars: The differences in H/C and O/C mol ratios between draff and sugarbeet pulp remained the same before and after HTC (Fig. 2). Increasing the processing temperature from 180 to 250 °C predominantly reduced the O content and the O/C ratio of the hydrochar, while prolonging the processing time from 4 to 12 h at 180 °C had only little effect (Fig. 2, Table 3). However, hydrochars carbonized for 12 h at 180 °C were similar to those processed for 4 h at 200 °C regarding their properties, thus supporting the assumption of partial exchangeability of these two processing parameters [20].

Enhanced initial $CO_2$-C release following hydrochar application to soil was recently reported from laboratory [21;36;37] and field experiments [30]. Similarly, $CO_2$-C release in our study was strongly increased immediately after hydrochar addition, and after 248 days of incubation the cumulative $CO_2$-C release from hydrochar amended soil was at least twice as high as from the untreated soil (Fig. 3b). Apparent C mineralization from the hydrochars ranged from 12–32 %; it decreased substantially with increasing processing temperature from 200 to 250 °C, and less pronounced with increasing the processing time from 4 to 12 h, whereas feedstock had no effect (Fig. 4, Table 2). The magnitude of C mineralized from hydrochar was in the same range as reported elsewhere: An early report showed that 7–10 % of hydrochar-C was mineralized from an

Eutric Fluvisol within 120 d of incubation in a laboratory experiment [21]. In a trial conducted for 365 d under similar conditions, C mineralization of hydrochar processed from bark at 200 °C was below 10 %, with a higher value from an Oxisol topsoil compared to an Alfisol subsoil [37].

Double exponential decay models revealed $R^2$ values close to 1 and thus, were suitable to describe the stability of the hydrochars and reference materials against decomposition in soil (Table 2, Figure 5). The labile C fraction ($C_1$) was estimated to range from 4–22 % of the total hydrochar-C, without differences between feedstocks. However, values decreased with increasing temperature and time of processing. The $C_1$ fraction substantially contributed to the C mineralized from hydrochar, as indicated by the significant correlation between these two variables (Table 3). The liquid phase of HTC was shown to consist of easily degradable C-compounds [17]. Hence we presume, that the $C_1$ fraction predominantly originates from liquid phase C which was partly retained by the solid hydrochar in the filtration step applied in our study. Consistently, the decomposability of hydrochar was strongly decreased by intensive washing with water or acetone, thereby removing the readily degradable C [52]. The presence of easily degradable C compounds in soil is important for its fertility and stability [53;54]. However, the addition of high amounts of easily degradable material to soil is known to cause microbial N immobilization [55], which was found to be true for hydrochars as well [31].

In contrast to the labile $C_1$ fraction, the stable $C_2$ fraction was bigger in hydrochar derived from draff than sugarbeet pulp; the size of the $C_2$ fraction increased with increasing processing temperature (Table 2). Although not significant, the mean residence time of the stable fraction ($MRT_2$) increased with increasing processing temperature as well. The strong enhancing effect of processing temperature on $MRT_2$ was also obvious from the significant positive correlation between these two parameters (Table 3). Regarding the hydrochar properties, $MRT_2$ decreased significantly with increasing O content and O/C mol ratio. Obviously, higher processing temperatures reduced O content and thus reactivity of the hydrochars, thereby increasing the size and the mean residence time of the stable hydrochar-C fraction. Enhanced stability of hydrochars produced at higher processing temperatures might be due to some pyrolytic reactions such as aromatization occurring in the subcritical temperature region of pyrolysis [56]. Comparison of chemical properties of biochar (550 °C) and hydrochar (250 °C) made from corn stove revealed that most of the C recovered in biochar was aromatic, while in hydrochar only about half of the C was aromatic: Hydrochar had considerably more reactive hydrophilic (e.g. carboxylic) groups which may therefore increase the chemical reactivity of hydrochar in soils [27]. Further analyses are required to elucidate the chemical structure of differently produced hydrochars.

In our study, C mineralization from mature compost, white peat or sugarbeet pulp biochar, was very low/close to zero. The amount of C mineralized from compost is strongly affected by its maturity [57], since the labile compounds are lost during composting. Carbon mineralized from mature compost (5 months aging) accounted for $\leq 5$ % after 50 days of incubation in a laboratory experiment [58]. Since the compost used in our study had undergone 2 yr of aging, it can be classified as highly mature/stable, which explains the observed zero C mineralization. The incorporation of peat had minimal effects on microbial activity in the soil (174 d laboratory trial), thus suggesting that peat contains C that is not easily mineralized [59]. Using peat as soil conditioner provides little benefit for soil chemical and biological properties, despite its widespread use for improving the water holding capacity of potting growing media [60;61].

The stability of hydrochar against decomposition in soil is substantially lower compared to biochar [37]. Calculated MRT of $^{14}C$-labeled biochar was approximately 2000 yr from a 3,2-yr laboratory incubation trial [62]. Mean residence times reported for hydrochar under laboratory conditions ranged from 4–29 yr [21]. In our study, the MRT of various hydrochars (5–9 yr) was estimated much lower than for sugarbeet pulp biochar ($4 \cdot 10^{12}$ yr) and higher than for wheat straw (1 yr) included as reference materials.

Under field compared to laboratory conditions, the stability of organic materials is expected to be higher due to less favorable conditions for decomposition (temperature, water, air), especially on soils with higher clay content (organic-mineral complexes). For example, 10–12 % of hydrochar-C was mineralized in the first 5 months after field application (April) on Luvisol under central European temperate climate [30]. The same hydrochars revealed a three times higher C mineralization when incubated for 5 months under laboratory conditions (Cambisol, 22 °C, $WHC_{max}$ 60 %; unpublished). From a long-term field trial under temperate climate (Luvisol, pH 7; 0,8 % $C_{org}$; 16 % clay) the mean residence time (MRT) of $^{13}C$-barley straw was estimated 25 yr, although the initial mineralization of C proceeded rapidly, so that after about four months 50 % of the incorporated biomass-C was degraded [63]. Hence, when applied to fields, hydrochar may store a considerable amount of C for at least a few decades. Even though its potential for long-term C sequestration seems to be limited, hydrochar application to soil can efficiently compensate for the increasing crop residue removal from arable fields to restore SOC, thereby sustaining soil fertility.

## Conclusions

Hydrothermal carbonization of sugarbeet pulp and draff taken as model feedstocks resulted in hydrochars having considerably higher C content and heat of combustion compared to the original feedstocks. Hydrochar application increased soil C release. Higher processing temperature decreased the O/C mol ratio of the hydrochar and enhanced the size and MRT of the stable hydrochar-C fraction. This emphasizes the importance of hydrochar production conditions for its stability in soil.

Mean residence time of hydrochar was at least 5 times higher compared to wheat straw, but numerous orders of magnitude lower compared to biochar. Our study showed that hydrochar application to soil offers potential to preserve/restore SOC and thus to ensure soil quality, but its capability for long-term C sequestration seems to be limited. However, C and energy balances, as well as greenhouse gas emission ($CO_2$, $CH_4$, $N_2O$) of the complete HTC process chain consisting of feedstock supply and hydrochar production (including the liquid and gaseous phases as co-products) are strongly required for a comprehensive evaluation of hydrochar as soil conditioner. Moreover, an appraisal must take into account properties such as storage and buffering of nutrients and water, soil aggregation, and soil biological activity, which may also be affected by feedstock and production conditions.

**Acknowledgments**

This publication is based on work funded by the Deutsche Bundesstiftung Umwelt (DBU, Germany, Project number: AZ 27436 - 35/0). Technical assistance by the staff of the University of Applied Sciences Ostwestfalen-Lippe, Campus Höxter, and the Institute of Sugar Beet Research, Göttingen, is gratefully acknowledged.

**References**

[1] Lal R. Soil quality impacts of residue removal for bioethanol production. Soil Till Res 2009; 102(2): 233-41.

[2] Webb J, Bellamy P, Loveland PJ, Goodlass G. Crop residue returns and equilibrium soil organic carbon in England and Wales. Soil Sci Soc Am J 2003; 67(3): 928-36.

[3] Freibauer A, Rounsevell MDA, Smith P, Verhagen J. Carbon sequestration in the agricultural soils of Europe. Geoderma 2004; 122(1): 1-23.

[4] Smith P. Carbon sequestration in croplands: the potential in Europe and the global context. Eur J Agron 2004;20(3):229-36.

[5] Lal R. World crop residues production and implications of its use as a biofuel. Environ Int 2005; 31(4): 575-84.

[6] Blanco-Canqui H, Lal R. Soil and crop response to harvesting corn residues for biofuel production. Geoderma 2007; 141(3-4): 355-62.

[7] Blanco-Canqui H, Lal R, Post W, Izaurralde R, Shipitalo M. Soil hydraulic properties influenced by corn stover removal from no-till corn in Ohio. Soil Till Res 2007; 92(1-2): 144-55.

[8] Blanco-Canqui H, Lal R. Corn stover removal impacts on micro-scale soil physical properties. Geoderma 2008; 145(3-4): 335-46.

[9] Reijnders L. Ethanol production from crop residues and soil organic carbon. Resour Conserv Recy 2008; 52(4): 653-8.

[10] Lal R. Challenges and opportunities in soil organic matter research. Eur J Soil Sci 2009; 60(2): 158-69.

[11] Chan KY, Van Zwieten L, Meszaros I, Downie A, Joseph S. Agronomic values of greenwaste biochar as a soil amendment. Aust J Soil Res 2007;45(8):629-34.

[12] Spokas K, Koskinen W, Baker J, Reicosky D. Impacts of woodchip biochar additions on greenhouse gas production and sorption/degradation of two herbicides in a Minnesota soil. Chemosphere 2009; 77(4): 574-81.

[13] Kimetu JM, Lehmann J. Stability and stabilisation of biochar and green manure in soil with different organic carbon contents. Aust J Soil Res 2010;48(6-7):577-85.

[14] Lehmann J, Joseph S. Biochar for environmental management - Science and technology. London: Earthscan; 2009.

[15] Titirici MM, Thomas A, Antonietti M. Back in the black: hydrothermal carbonization of plant material as an efficient chemical process to treat the $CO_2$ problem? New J Chem 2007; 31(6): 787-9.

[16] Ramke H-G, Blöhse D, Lehmann H-J, Fettig J. Hydrothermal Carbonization of organic waste. In Cossu R, Diaz LF, Stegmann R, editors. Proceedings of the Twelfth International Waste Management and Landfill Symposium; 2009 Oct 05-09; Sardinia: CISA Publisher; 2009.

[17] Ramke H-G, Blöhse D, Lehmann H-J, Fettig J, Antonietti M. Machbarkeitsstudie zur Energiegewinnung aus organischen Siedlungsabfällen durch Hydrothermale Carbonisierung. 2010. Report No.: 25604. German.

[18] Libra JA, Ro KS, Kammann C, Funke A, Berge ND, Neubauer Y, et al. Hydrothermal carbonization of biomass residuals: a comparative review of the chemistry, processes and applications of wet and dry pyrolysis. Biofuels 2010, 2(1). 71-106.

[19] Hu B, Wang K, Wu L, Yu SH, Antonietti M, Titirici MM. Engineering Carbon Materials from the Hydrothermal Carbonization Process of Biomass. Adv Materi 2010; 22(7): 813-28.

[20] Funke A, Ziegler F. Hydrothermal carbonization of biomass: A summary and discussion of chemical mechanisms for process engineering. Biofuels Bioprod Biorefin 2010; 4(2): 160-77.

[21] Steinbeiss S, Gleixner G, Antonietti M. Effect of biochar amendment on soil carbon balance and soil microbial activity. Soil Bio Biochem 2009; 41(6): 1301-10.

[22] Heilmann SM, Davis H, Jader LR, Lefebvre PA, Sadowsky MJ, Schendel FJ, et al. Hydrothermal carbonization of microalgae. Biomass Bioenergy 2010; 34(6): 875-82.

[23] Falco C, Baccile N, Titirici MM. Morphological and structural differences between glucose, cellulose and lignocellulosic biomass derived hydrothermal carbons. Green Chem 2011; 13(11): 3273-81.

[24] Hoekman SK, Broch A, Robbins C. Hydrothermal Carbonization (HTC) of Lignocellulosic Biomass. Energy Fuels 2011; 25(4): 1802-10.

[25] Sevilla M, Antonio Macia-Agullo J, Fuertes AB. Hydrothermal carbonization of biomass as a route for the sequestration of CO(2): Chemical and structural properties of the carbonized products. Biomass Bioenergy 2011; 35(7): 3152-9.

[26] Sevilla M, Fuertes AB. Chemical and Structural Properties of Carbonaceous Products Obtained by Hydrothermal Carbonization of Saccharides. Chem Eur J 2009; 15(16): 4195-203.

[27] Fuertes A, Arbestain M, Sevilla M, Macia-Agullo J, Fiol S, Lopez R, et al. Chemical and structural properties of carbonaceous products obtained by pyrolysis and hydrothermal carbonisation of corn stover. Aust J Soil Res 2010; 48(6-7): 618-26.

[28] Atkinson CJ, Fitzgerald JD, Hipps NA. Potential mechanisms for achieving agricultural benefits from biochar application to temperate soils: a review. Plant Soil 2010; 337(1-2): 1-18.

[29] Verheijen FGA, Jeffery S, Bastos AC, van der Velde M, Diafas I. Biochar Application to Soils - A Critical Scientific Review of Effects on Soil Properties, Processes and Functions.

EUR 24099 EN, Luxembourg: Office for Official Publications of the European Communities; 2010.

[30] Gajić A, Koch HJ, Märländer B. HTC-biochar as a soil conditioner - first results from a field trial with sugar beet. Zuckerind 2011; 136(12): 791-9. German.

[31] Gajić A, Koch HJ. Sugar Beet (*Beta vulgaris* L.) Growth Reduction Caused by Hydrochar Is Related to Nitrogen Supply. J Environ Qual. 2012; 41(4): 1067-75.

[32] Busch D, Kammann C, Grünhage L, Müller C. Simple Biotoxicity Tests for Evaluation of Carbonaceous Soil Additives:Establishment and Reproducibility of Four Test Procedures. J Environ Qual. 2012; 41(4): 1023-32.

[33] Gajić A, Märländer B, Koch HJ. Wirkung von HTC-Biokohle auf physikalische Bodeneigenschaften, CO2-Freisetzung und Pflanzenwachstum. Deutsche Bundesstiftung Umwelt Fachtagung Hydrothermale Carbonisierung von Biomasse - Ergebnisse und Perspektiven; 2011 Dec 20; Osnabrück: 2012. Forthcomming 2012. German.

[34] Röthlein R. Magic coal from an autoclave. Max Planck Forschung 2006; 2: 20-5. German.

[35] Rillig MC, Wagner M, Salem M, Antunes PM, George C, Ramke HG, et al. Material derived from hydrothermal carbonization: Effects on plant growth and arbuscular mycorrhiza. Appl Soil Ecol 2010; 45(3): 238-42.

[36] Kammann C, Ratering S, Eckhard C, Müller C. Biochar and Hydrochar Effects on Greenhouse Gas (Carbon Dioxide, Nitrous Oxide, and Methane) Fluxes from Soils. J Environ Qual. 2012; 41(4): 1052-66.

[37] Qayyum MF, Steffens D, Reisenauer HP, Schubert S. Kinetics of Carbon Mineralization of Biochars Compared with Wheat Straw in Three Soils. J Environ Qual. 2012; 41(4): 1210-20.

[38] Bundesgütegemeinschaft Kompost (BGK). Methodenbuch zur Analyse organischer Düngemittel, Bodenverbesserungsmittel und Substrate. 5th ed. Köln: Bundesgütegemeinschaft Kompost e. V.; 2006.

[39] IUSS Working Group WRB. World Reference Base for Soil Resources. Rome: FAO; 2007. Report No.: 103.

[40] DIN ISO 11277 Soil quality - Determination of particle size distribution in mineral soil material - Method by sieving and sedimentation. Berlin: Beuth; 1998.

[41] VDLUFA Method A.6.1.4.1. Determination of mineral nitrogen (nitrate and ammonium) in soil profiles ($N_{min}$-laboratory method) (in). In German Agricultural Testing and Research Agency, editors. Book of Methods. Darmstadt: VDLUFA-Verlag; 1997. German.

[42] VDLUFA Method A.6.2.1.1. Determination of phosphorus and potassium using lactate extraction. In German Agricultural Testing and Research Agency, editors. Book of Methods. Darmstadt: VDLUFA-Verlag; 1997. German.

[43] VDLUFA Method A.6.2.4.1. Determination of assimilated magnesium using calcium chloride extraction. In German Agricultural Testing and Research Agency, editors. Book of Methods. Darmstadt: VDLUFA-Verlag; 1997. German.

[44] Ribeiro HM, Fangueiro D, Alves F, Vasconcelos E, Coutinho J, Bol R, et al. Carbon-mineralization kinetics in an organically managed Cambic Arenosol amended with organic fertilizers. J Plant Nutr Soil Sci 2010; 173(1): 39-45.

[45] Janssen BH. A Simple Method for Calculating Decomposition and Accumulation of Young Soil Organic-Matter. Plant Soil 1984; 76(1-3): 297-304.

[46] Ajwa HA, Tabatabai MA. Decomposition of Different Organic Materials in Soils. Biol Fertil Soils 1994; 18(3): 175-82.

[47] Liang B, Lehmann J, Solomon D, Sohi S, Thies JE, Skjemstad JO, et al. Stability of biomass-derived black carbon in soils. Geochim Cosmochim Acta 2008; 72(24): 6069-78.

[48] Littell RCM, Milliken GA, Stroup WW, Wolfinger RD. SAS systems for mixed models. Cary, NC: 1996.

[49] Brussaard L. Interrelationships between biological activities, soil properties and soil management. In: Greenland.DJ, Szabolcs I, editors. Soil resilience and sustainable land use. Wallingford: CAB International; 1994. p. 309-29.

[50] Sevilla M, Fuertes A. The production of carbon materials by hydrothermal carbonization of cellulose. Carbon 2009; 47(9): 2281-9.

[51] Berge ND, Ro KS, Mao J, Flora JR, V, Chappell MA, Bae S. Hydrothermal Carbonization of Municipal Waste Streams. Environ Sci Technol 2011;45(13):5696-703.

[52] Ramke H-G, Hendriks A. Charakterisierung von HTC-Biokohlen für die Nutzung als Bodenhilfsstoff. Deutsche Bundesstiftung Umwelt Fachtagung Hydrothermale Carbonisierung von Biomasse - Ergebnisse und Perspektiven; 2011 Dec 20; Osnabrück: 2012. Forthcomming 2012. German.

[53] Spaccini R, Piccolo A, Haberhauer G, Gerzabek MH. Transformation of organic matter from maize residues into labile and humic fractions of three European soils as revealed by C-13 distribution and CPMAS-NMR spectra. European Journal of Soil Science 2000; 51(4): 583-94.

[54] Loveland P, Webb J. Is there a critical level of organic matter in the agricultural soils of temperate regions: a review. Soil & Tillage Research 2003; 70(1): 1-18.

[55] Paul EA. Soil Microbiology, Ecology, and Biochemistry. 3rd ed. San Diego: Academic Press; 2007.

[56] Hofbauer H, Kaltschmitt M, Nussbaumer T. Thermochemische Umwandlungsprozesse. In: Kaltschmitt M, Hartmann H, Hofbauer H, editors. Energie aus Biomasse - Grundlagen, Techniken, Verfahren. 2nd ed. Berlin: Springer Verlag; 2009. p. 375-89. German.

[57] Leifeld J, Siebert S, Kogel-Knabner I. Biological activity and organic matter mineralization of soils amended with biowaste composts. J Plant Nutr Soil Sci 2002; 165(2): 151-9.

[58] Jörgensen RG, Meyer B, Roden A, Wittke B. Microbial activity and biomass in mixture treatments of soil and biogenic municipal refuse compost. Biol Fert Soil 1996; 23(1): 43-9.

[59] Clark G, Dodgshun N, Sale P, Tang C. Changes in chemical and biological properties of a sodic clay subsoil with addition of organic amendments. Soil Biol Biochem 2007; 39(11): 2806-17

[60] Waltz FC, Quisenberry VL, McCarty LB. Physical and hydraulic properties of rootzone mixes amended with inorganics for golf putting greens. Agron J 2003; 95(2): 395-04.

[61] Bigelow CA, Bowman DC, Cassel DK. Physical properties of three sand size classes amended with inorganic materials or sphagnum peat moss for putting green rootzones. Crop Science 2004; 44(3): 900-7.

[62] Kuzyakov Y, Subbotina I, Chen HQ, Bogomolova I, Xu XL. Black carbon decomposition and incorporation into soil microbial biomass estimated by C-14 labeling. Soil Biol Biochem 2009; 41(2): 210-9.

[63] Sauerbeck DR, Gonzalez MA. Field decomposition of carbon-14-labelled plant residues in various soils of the Federal Republic of Germany and Costa Rica. In: Proceeding of a symposium on soil organic matter studies, International Atomic Energy Agency and FAO, editors, Soil organic matter studies, IAEA, Wien; 1977. p. 159-70.

# 5. Artikel 4: Wirkung von HTC-Biokohle auf physikalische Bodeneigenschaften, $CO_2$-Freisetzung und Pflanzenwachstum

Ana Gajić, Bernward Märländer, Heinz-Josef Koch

## Einleitung

Die zunehmende Biomasseabfuhr von landwirtschaftlichen Flächen für die Energieerzeugung könnte zu einem deutlichen Sinken der Humusgehalte beitragen, wodurch negative Veränderungen ökologisch-agronomischer Eigenschaften des Bodens (Lufthaushalt, Wasser- und Nährstoffspeicherung und -pufferung, Wasserinfiltration, Erosionsschutz) zu erwarten sind. Ohne einen angemessenen Humusersatz gerät die Biomassenutzung somit in Widerspruch zur guten fachlichen Praxis der landwirtschaftlichen Bodennutzung. Diese fordert, „den standorttypischen Humusgehalt des Bodens insbesondere durch eine ausreichende Zufuhr an organischer Substanz oder durch Reduzierung der Bearbeitungsintensität zu erhalten“ (BBodSchG 1998, § 17).

Die Hydrothermale Carbonisierung (HTC) vollzieht die natürliche Verkohlung von Biomasse technisch nach. Die Konversion findet in wässrigem Milieu unter erhöhter Temperatur und erhöhtem Druck (180–250 °C; 18–22 bar) innerhalb weniger Stunden (4–12 h) statt (Titirici et al., 2007). Es wird vermutet, dass HTC-Biokohle aufgrund ihrer porösen Struktur eine große aktive Oberfläche und damit bodenverbessernde Eigenschaften aufweist (Sevilla et al., 2011). Zudem kann die Prozessführung (Inputmaterial, Temperatur und Dauer der Carbonisierung) bei der HTC-Biokohle-Herstellung so angepasst werden, dass ein Produkt mit einem mittleren Kohlenstoff-Sequestrierungspotenzial entsteht (Gajić et al., 2012). Die landwirtschaftliche Anwendung von HTC-Biokohle aus Bioabfall könnte deshalb die zunehmende Abfuhr von Ernteresten vom Feld kompensieren und gleichzeitig zur Verminderung von Treibhausgasemissionen beitragen.

Wesentliche Voraussetzung für eine Anwendung von HTC-Biokohle in der Landwirtschaft ist eine hohe Pflanzenverträglichkeit. Erste Untersuchungen zeigten, dass HTC-Biokohle negative Wirkungen auf das Pflanzenwachstum haben kann (Rillig et al., 2010; Busch et al., 2011). Diese Wachstumsstörungen sind offenbar nur temporär und lassen sich durch eine zeitweilig verminderte Stickstoffverfügbarkeit infolge mikrobiell bedingter Umsetzungsprozesse erklären (Gajić und Koch, 2012).

Die Effekte von HTC-Biokohle auf bodenchemische und -physikalische Eigenschaften können einen wesentlichen Anteil an deren Gesamtwirkung bei der Anwendung auf Ackerböden haben.

Ziel der hier vorgestellten Untersuchungen war es deshalb, die Wirkung verschiedener HTC-Biokohlen insbesondere auf bodenphysikalische Kenngrößen typischer deutscher Ackerböden im Vergleich zu Kompost zu quantifizieren und so zu einer Gesamtbewertung der Eignung von HTC-Biokohle als Bodenverbesserer beizutragen. Die im Titel des Beitrags genannten Aspekte $CO_2$-Freisetzung und Pflanzenwachstum werden hier nicht weiter behandelt. Sie sind Gegenstand der Publikationen Gajić et al. (2011), Gajić und Koch (2012) und Gajić et al. (2012).

## Material und Methoden

### Herstellung und Eigenschaften der Bodenverbesserer

Die HTC-Biokohlen wurden von der Firma „HydroCarb“ in einem Batch-Reaktor hergestellt. Die drei verwendeten HTC-Biokohlen unterschieden sich in der Prozessführung: Rübenschnitzel carbonisiert bei 190 °C über 4 h ($RS_{4/190}$), Rübenschnitzel carbonisiert bei 190 °C über 12 h ($RS_{12/190}$), Biertreber carbonisiert bei 190 °C über 12 h ($BT_{12/190}$). Rübenschnitzel und Biertreber wurden wegen ihrer guten Verfügbarkeit und Homogenität verwendet. Detaillierte Angaben zu den chemischen Eigenschaften sind Bargmann et al. (2012) zu entnehmen. Der Kompost wurde im „Bioenergiezentrum Göttingen GmbH“ hergestellt und war in Rottegrad 5 eingestuft (23 % C und 2 % N i. d. TM).

### Vorgenommene Untersuchungen

Um den Einfluss der verschiedenen HTC-Biokohlen auf chemische Bodeneigenschaften zu quantifizieren, wurden folgende Bodenanalysen durchgeführt: pH-Wert (10 g Boden in 25 ml 0,01M $CaCl_2$), elektrische Leitfähigkeit (20 g Boden in 100 ml destilliertem Wasser) sowie potenzielle und effektive Kationenaustauschkapazität (DIN ISO 13536, DIN ISO 11260). Die Bodentextur wurde vor der Ausbringung der Bodenverbesserer ermittelt (DIN ISO 11277). An ungestörten Bodenproben (100 $cm^3$ Stechzylinder) wurde die Wasserhaltekapazität bei einer Saugspannung von 60 hPa (pF 1,8; Feldkapazität = FK) mit der Sandkastenmethode bestimmt (Eijkelkamp Agrisearch Equipment, Niederlande). Zusätzlich wurde die Trockenrohdichte (TRD) aus dem Trockengewicht und dem Volumen des Bodens berechnet. Die Luftkapazität (LK) des Bodens wurde rechnerisch als Differenz zwischen Gesamtporenvolumen (GPV; Dichte der festen Bodensubstanz 2,6 g $cm^{-3}$; Dichte der zugeführten organischen Substanz 1,4 g $cm^{-3}$) und FK ermittelt. Die Aggregatstabilität (AS) wurde aus der gestörten Probe der Bodenfraktion 1–2 mm mittels der Nass-Sieb-Methode (Siebmaschenweite 0,25 mm) erfasst (Eijkelkamp Agrisearch Equipment, Niederlande).

**Versuchsanlage und -durchführung**

Feldversuch. Im Jahr 2010 wurde ein Feldversuch (4 Wiederholungen) auf einer Parabraunerde aus Löss (4 % Sand, 83 % Schluff, 13 % Ton, $C_{org}$ 1 %) in der Nähe von Göttingen angelegt. Zunächst wurden Anfang April die Bodenverbesserer (unbehandelte Kontrolle, Kompost, $RS_{4/190}$, $RS_{12/190}$, $BT_{12/190}$) in einer Menge von 10 t TM $ha^{-1}$ manuell oberflächig ausgebracht. Nach 10 Tagen wurden sie durch einen ca. 15 cm tiefen Arbeitsgang mit einem Grubber in den Boden eingearbeitet – somit lag die Konzentration der Bodenverbesserer in der bearbeiteten Bodenschicht bei 0,4 Gew.–%. Gestörte (Bohrstock, Mischprobe aus 6 Einstichen) sowie ungestörte (Stechzylinder, 5–6 interne Wiederholungen) Bodenproben wurden aus der Bodentiefe 8–12 cm (repräsentativ für 0–15 cm) vertikal entnommen. Die Probenahmen erfolgten im Sommer/Herbst 2010 vor der Zuckerrübenernte und Frühjahr 2011 in Winterweizen.

Laborversuch I. Im Jahr 2010 wurde ein Inkubationsversuch im Labor mit den gleichen Bodenverbesserern wie im Feld in einer Ausbringungsmenge äquivalent zu 30 t TM $ha^{-1}$ (1,3 Gew.–%) durchgeführt. Als Boden wurde die Ackerkrume einer Braunerde (50 % Sand, 42 % Schluff, 8 % Ton; $C_{org}$ 1 %) aus der Nähe von Braunschweig verwendet. Der Boden wurde luftgetrocknet und auf 2 mm gesiebt. Die Bodenverbesserer wurden nach Trocknung (105 °C) und Vermahlung (<0,5 mm) gleichmäßig in den Boden eingemischt. Die Mischungen wurden auf 60 % der maximalen Wasserhaltekapazität eingestellt und für 3 Monate bei 22 °C inkubiert. Danach wurden in 4 Wiederholungen je Variante folgende Bodenparameter analysiert: pH-Wert, elektrische Leitfähigkeit, potenzielle sowie effektive Kationenaustauschkapazität und AS. Zur Bestimmung der FK wurden die Mischungen schichtweise in einer TRD von 1,6 g $cm^{-3}$ in Stechzylinder (100 $cm^3$, 8 interne Wiederholungen) eingefüllt und wie oben beschrieben behandelt.

Laborversuch II. Im Jahr 2012 wurde ein weiterer Versuch mit drei HTC-Biokohlen ($RS_{4/190}$, $RS_{12/190}$, $BT_{12/190}$) sowie einem Inputmaterial (Rübenschnitzel) durchgeführt. Die Ausbringungsmengen waren äquivalent zu 30 bzw. 60 t TM $ha^{-1}$ bei einer Einarbeitungstiefe von 15 cm (1,3 bzw. 2,6 Gew.–%). Die gefroren gelagerten HTC-Biokohlen wurden unterschiedlich nachbehandelt (Lufttrocknung, nachfolgend Siebung auf 5 mm oder Vermahlung auf 0,5 mm) und in 3 Varianten geprüft: frisch/unbehandelt, getrocknet/gesiebt, getrocknet/vermahlen. Neben einer Kontrolle ohne Bodenverbesserer wurden auch nicht carbonisierte Rübenschnitzel in einer Menge von 60 t TM $ha^{-1}$ in den Nachbehandlungen getrocknet/gesiebt und getrocknet/vermahlen getestet. Als Versuchsboden wurde ein Sandboden (83 % Sand, 14 % Schluff, 3 % Ton) aus der Nähe von Hannover verwendet. Die Bodenverbesserer wurden mit dem lufttrockenen Versuchsboden gleichmäßig vermengt und ohne Kompression in oben offene PVC-Kisten mit perforiertem Boden

(L x B x H = 40 x 30 x 22 cm) eben eingefüllt. Zur Simulation einer natürlichen Bodensetzung wurden danach 2 Liter destilliertes Wasser vorsichtig auf die Bodenoberfläche aufgegeben. Durch den perforierten Boden der Kisten drainierte das aufgegebene Wasser in wenigen Minuten ab. Nach 10 Tagen weiterer Standzeit wurden 10 Stechzylinder je Variante entnommen und daran die Parameter TRD, GPV, FK und LK wie oben beschrieben bestimmt.

**Statistische Auswertung**

Die statistische Analyse erfolgte unter Verwendung des Statistical Analysis System Paketes (SAS). Die Daten wurden in einer Varianzanalyse (ANOVA) mit der Prozedur MIXED ausgewertet. Mittelwerte wurden mit der LSMEANS-Prozedur verglichen. Die Irrtumswahrscheinlichkeit der F-Werte (Tukey Test) wurde als hoch signifikant (**, $p \leq 0{,}01$), signifikant (*, $p \leq 0{,}05$) und nicht signifikant (ns, $p > 0{,}05$) gekennzeichnet.

**Ergebnisse und Diskussion**

Die Anwendung organischer Materialien kann verschiedene Bodeneigenschaften verändern, jedoch ist die Größe der Effekte stark von Ausbringungsmenge, Art und Partikelgröße der zugeführten organischen Materialien abhängig (Nelson und Oades, 1998). Darüber hinaus ist für die Anwendung von HTC-Biokohle als Bodenverbesserer deren Gehalt an pflanzenverfügbaren Nährstoffen von primärer Bedeutung: Die untersuchten HTC-Biokohlen wiesen zwar Gesamtstickstoffgehalte von 1,4–3,5 % i. d. TM auf, dennoch war die Menge an pflanzenverfügbarem Stickstoff und anderen Makronährstoffen (Phosphor, Kalium) sehr gering (Bargmann et al., 2012). Die HTC-Biokohlen besaßen ein großes Stickstoff-Immobilisierungspotenzial, besonders wenn sie über ein weites C/N-Verhältnis (Rübenschnitzel als Inputmaterial) verfügten (Gajić und Koch, 2012). HTC-Biokohlen könnten deshalb vor Zeitperioden bzw. auf Böden mit hohem Nitratauswaschungsrisiko angewandt werden, um aus ihrem Stickstoff-Immobilisierungspotenzial ökologische Vorteile zu ziehen.

**Effekt von HTC-Biokohle auf chemische Bodeneigenschaften**

Bei einer Feldausbringung von 10 t TM $ha^{-1}$ hatten die Bodenverbesserer nur geringfügige Effekte auf die untersuchten chemischen Eigenschaften der Parabraunerde (Tab. 1, Feldversuch). Mit einer Ausbringungsmenge äquivalent zu 30 t TM $ha^{-1}$ (Tab. 1, Laborversuch I) stieg der pH-Wert und sank die elektrische Leitfähigkeit der Braunerde durch die HTC-Biokohle im Vergleich zu Kontrolle und Kompost deutlich. Die Anwendung von Kompost und $RS_{12/190}$ steigerte die potenzielle Kationenaustauschkapazität des Bodens (Tab. 1). Die effektive Kationenaustauschkapazität wurde insbesondere durch HTC-Biokohle aus Rübenschnitzel erhöht.

***Tab. 1:** Effekt verschiedener Bodenverbesserer auf chemische Bodeneigenschaften (eL = elektrische Leitfähigkeit, $KAK_{pot}$, $KAK_{eff}$ = potenzielle und effektive Kationenaustauschkapazität) drei Monate nach der Anwendung*

| Variante | pH [ ] | | eL [µS $cm^{-1}$] | | $KAK_{pot}$ [cmol $kg^{-1}$] | | $KAK_{eff}$ [cmol $kg^{-1}$] | |
|---|---|---|---|---|---|---|---|---|
| | MW | SD | MW | SD | MW | SD | MW | SD |
| Feldversuch: Parabraunerde, Ausbringungsmenge 10 t TM $ha^{-1}$ (0,4 Gew.–%) | | | | | | | | |
| Kontrolle | $6{,}98^{ab}$ | 0,08 | $84{,}33^{a}$ | 7,07 | $11{,}41^{a}$ | 1,01 | $10{,}74^{a}$ | 0,52 |
| Kompost | $6{,}95^{ab}$ | 0,05 | $91{,}53^{a}$ | 10,79 | $11{,}27^{a}$ | 0,76 | $11{,}21^{a}$ | 0,71 |
| $RS_{4/190}$ | $7{,}04^{b}$ | 0,04 | $91{,}40^{a}$ | 9,30 | $11{,}85^{a}$ | 0,64 | $11{,}68^{a}$ | 0,76 |
| $RS_{12/190}$ | $7{,}03^{ab}$ | 0,05 | $92{,}95^{a}$ | 9,39 | $12{,}28^{a}$ | 1,27 | $11{,}60^{a}$ | 1,18 |
| $BT_{12/190}$ | $6{,}91^{a}$ | 0,05 | $91{,}17^{a}$ | 6,13 | $11{,}23^{a}$ | 0,60 | $10{,}94^{a}$ | 0,34 |
| Laborversuch I: Braunerde, Ausbringungsmenge 30 t TM $ha^{-1}$ (1,3 Gew.–%) | | | | | | | | |
| Kontrolle | $5{,}68^{a}$ | 0,02 | $212{,}50^{c}$ | 10,91 | $8{,}38^{a}$ | 0,37 | $7{,}59^{a}$ | 0,70 |
| Kompost | $6{,}15^{b}$ | 0,07 | $342{,}00^{d}$ | 5,72 | $9{,}50^{b}$ | 0,34 | $8{,}45^{a}$ | 0,17 |
| $RS_{4/190}$ | $6{,}63^{d}$ | 0,02 | $176{,}50^{b}$ | 11,12 | $9{,}04^{ab}$ | 0,53 | $10{,}92^{b}$ | 0,50 |
| $RS_{12/190}$ | $6{,}37^{c}$ | 0,04 | $125{,}00^{a}$ | 2,94 | $9{,}53^{b}$ | 0,25 | $10{,}18^{b}$ | 0,84 |
| $BT_{12/190}$ | $6{,}35^{c}$ | 0,06 | $193{,}75^{b}$ | 6,40 | $8{,}31^{a}$ | 0,35 | $8{,}45^{a}$ | 0,19 |

*$RS_{4/190}$ = Rübenschnitzel carbonisiert bei 190 °C über 4 h, $RS_{12/190}$ = Rübenschnitzel carbonisiert bei 190 °C über 12 h, $BT_{12/190}$ = Biertreber carbonisiert bei 190 °C über 12 h. Innerhalb eines Versuchs sind Mittelwerte (MW) mit unterschiedlichen Buchstaben signifikant verschieden ($p < 0{,}05$). SD = Standardabweichung.*

Aufgrund des niedrigen pH-Wertes von HTC-Biokohle (pH 4–5) war zu erwarten, dass bei hoher Ausbringungsmenge der pH-Wert des Bodens sinken würde. Unsere Ergebnisse zeigen jedoch einen deutlichen Anstieg der pH-Werte drei Monate nach Anwendung (Laborversuch I). Damit übereinstimmend beobachteten Rillig et al. (2010), dass der pH-Wert des Bodens unmittelbar nach der HTC-Biokohle-Anwendung sank, jedoch im Zeitverlauf über mehrere Wochen deutlich anstieg, vermutlich als Folge mikrobiell bedingter Stoffumsetzungen. Infolge der um bis zu 40 % erhöhten Kationenaustauschkapazität des Bodens durch die Anwendung von 30 t TM $ha^{-1}$ HTC-Biokohle ist eine verbesserte Pufferung der Nährstoffe Kalium, Calcium und Magnesium zu erwarten.

### Effekt von HTC-Biokohle auf physikalische Bodeneigenschaften

Bei einer Feldausbringung von 10 t TM $ha^{-1}$ wurden sowohl 2010 als auch 2011 keine signifikanten Unterschiede auf bodenphysikalische Eigenschaften ermittelt (Abb. 1). Die TRD nahm durch die Anwendung von HTC-Biokohle gegenüber der Kontrolle geringfügig ab. Die FK betrug in allen Varianten 37–38 Vol.–%. Die AS stieg in den HTC-Biokohlevarianten gegenüber der Kontrolle tendenziell an.

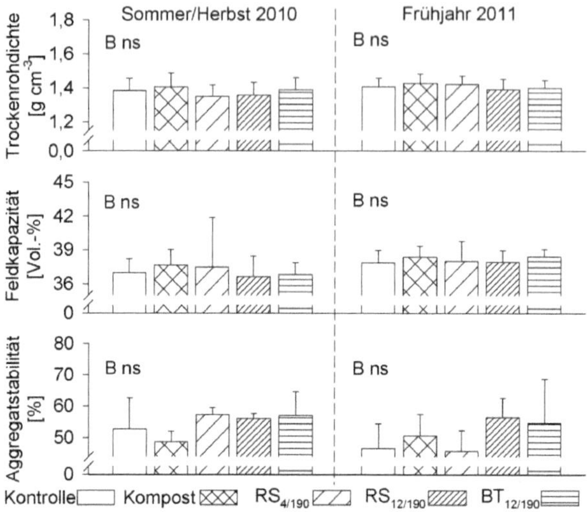


***Abb. 1:** Effekt verschiedener Bodenverbesserer (B) auf bodenphysikalische Eigenschaften einer Parabraunerde im Feldversuch. Ausbringung April 2010, 10 t TM ha$^{-1}$, Bodentiefe 0–15 cm. $RS_{4/190}$ = Rübenschnitzel carbonisiert bei 190 °C über 4 h, $RS_{12/190}$ = Rübenschnitzel carbonisiert bei 190 °C über 12 h, $BT_{12/190}$ = Biertreber carbonisiert bei 190 °C über 12 h. Irrtumswahrscheinlichkeit der F-Werte: $p > 0,05$ (ns = nicht signifikant).*

Es ist bekannt, dass schwer abbaubare organische Materialien, die dem Boden zugeführt werden, keine kurzfristigen Effekte auf die Aggregatstabilität hervorrufen (Tisdall et al., 1978). In unseren Untersuchungen erhöhte HTC-Biokohle die $CO_2$-Freisetzung in den ersten Wochen nach der Anwendung beträchtlich (Gajić et al., 2012). Dies lässt vermuten, das zumindest ein Teil des Kohlenstoffs leicht abbaubar war. Laut Barzegar et al. (2002) kann eine einmalige Feldausbringung von leicht abbaubaren organischen Materialien schon in einer Menge von 5–10 t TM ha$^{-1}$ einen positiven Effekt auf Wasserhaltekapazität, Porosität und Aggregatstabilität des Bodens haben.

Bei einer Anwendung im Laborversuch I (Ausbringungsmenge äquivalent zu 30 t TM ha$^{-1}$) hatten die HTC-Biokohlen positive Effekte auf FK und AS des Bodens (Abb. 2). Ein signifikanter Anstieg der FK von 30 auf bis zu 35 Vol.–% wurde durch die Anwendung von HTC-Biokohle ermittelt. Der Anteil wasserstabiler Aggregate stieg von 75 % in der Kontrolle auf 88 % bei $RS_{12/190}$ signifikant an.

Bei dem stark sandigen Boden des Laborversuchs II betrug die TRD in der unbehandelten Kontrolle 1,5 g cm$^{-3}$, das GPV 43,8 %, die LK 26,3 % und die FK 17,5 Vol.–% (Abb. 3). Im Mittel der Varianten von Prozessführung und Nachbehandlung der HTC-Biokohlen war bei einer Ausbringungsmenge von 30 t TM ha$^{-1}$ kein Effekt auf TRD und GPV, jedoch eine Abnahme der

LK bzw. eine Erhöhung der FK von jeweils ca. 2 Vol.–% gegenüber der Kontrolle zu verzeichnen (nicht dargestellt). Bei einer Ausbringungsmenge von 60 t TM $ha^{-1}$ sank die TRD durch die HTC-Biokohle-Anwendung um 0,1 g $cm^{-3}$. Parallel nahmen GPV und FK um ca. 3 Vol.–% zu, die LK war im Mittel unverändert (nicht dargestellt).

Abweichend von den mittleren Effekten traten bei verschiedenen bodenphysikalischen Parametern Wechselwirkungen zwischen Prozessführung und Ausbringungsmenge auf (Abb. 3): Bei der Ausbringungsmenge von 60 t TM $ha^{-1}$ von $RS_{12/190}$ waren anders als bei den übrigen HTC-Biokohlen dieser Stufe TRD und GPV nicht gegenüber der unbehandelten Kontrolle verändert und die LK geringer. Bei $BT_{12/190}$ war dem gegenüber die LK höher als in der Kontrolle.

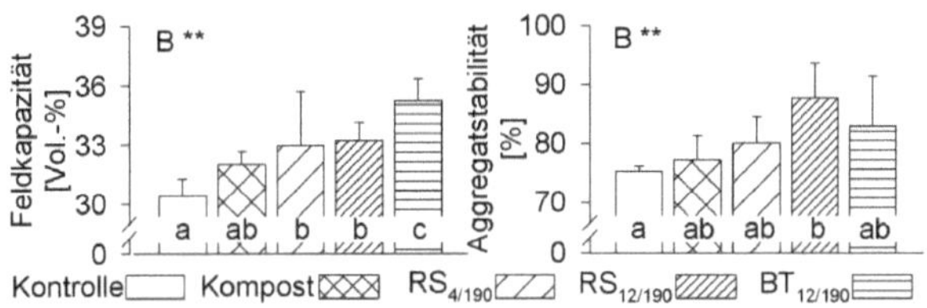


***Abb. 2:*** *Effekt verschiedener Bodenverbesserer (B) auf bodenphysikalische Eigenschaften einer Braunerde drei Monate nach der Anwendung im Laborversuch I (30 t TM $ha^{-1}$). $RS_{4/190}$ = Rübenschnitzel carbonisiert bei 190 °C über 4 h, $RS_{12/190}$ = Rübenschnitzel carbonisiert bei 190 °C über 12 h, $BT_{12/190}$ = Biertreber carbonisiert bei 190 °C über 12 h. Irrtumswahrscheinlichkeit der F-Werte: p ≤ 0,01 (**). Mit gleichen Buchstaben gekennzeichnete Mittelwerte unterscheiden sich nicht signifikant (p > 0,05).*

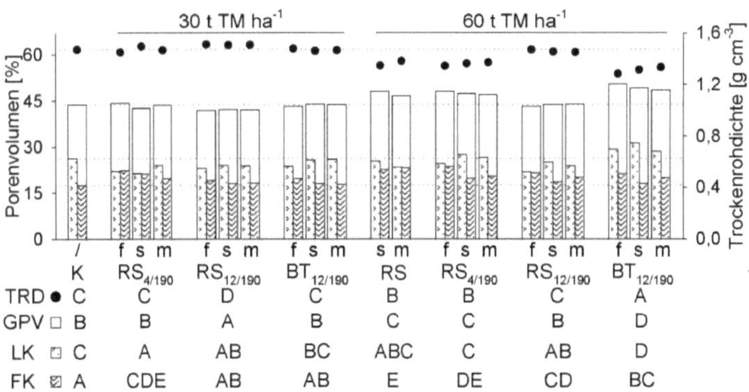


***Abb. 3:*** *Effekt verschiedener HTC-Biokohlen ($RS_{4/190}$ = Rübenschnitzel carbonisiert bei 190 °C über 4 h, $RS_{12/190}$ = Rübenschnitzel carbonisiert bei 190 °C über 12 h, $BT_{12/190}$ = Biertreber carbonisiert bei 190 °C über 12 h) und nicht carbonisierter Rübenschnitzel (RS) auf bodenphysikalische Eigenschaften eines Sandbodens in Abhängigkeit von Nachbehandlung (f = frisch/unbehandelt, s = getrocknet/gesiebt, m = getrocknet/gemahlen) und Ausbringungsmenge. Buchstabenfeld unterhalb der Abbildung: Bodenverbesserer mit gleichen Buchstaben (Mittel der Nachbehandlungen) unterscheiden sich nicht signifikant (p > 0,05).*

Bei gleichem Inputmaterial (RS) wird der Einfluss der Dauer der Carbonisierung besonders deutlich, wenn die Ergebnisse der hohen Ausbringungsmenge von 60 t TM $ha^{-1}$ betrachtet werden (Abb. 3): Die TRD stieg mit zunehmender Carbonisierungsdauer an und GPV sowie LK nahmen ab. Parallel sank auch die FK, insbesondere bei einer Ausbringungsmenge von 30 t TM $ha^{-1}$. Die höchste FK wurde bei Anwendung nicht carbonisierter Rübenschnitzel in einer Menge von 60 t TM $ha^{-1}$ beobachtet. In Untersuchungen von Ramke und Hendricks (2012) verringerte sich die maximale Wasserhaltekapazität von Mischungen eines Sandes mit HTC-Biokohle (10 Gew.–%) von ca. 37 Gew.–% auf etwa 22 Gew.–%, wenn die Temperatur der Carbonisierung von 180 °C auf 250 °C stieg.

Die Nachbehandlung der HTC-Biokohlen war ohne Effekt auf TRD und GPV (Abb. 3). Jedoch verringerte die Anwendung getrockneter gegenüber frischer HTC-Biokohle die FK des Bodens deutlich. Parallel nahm die LK zu. Laut Abel (2011) weist HTC-Biokohle negative Wirkungen auf die Benetzungseigenschaften des Bodens auf. Dementsprechend vermuten wir, dass die Trocknung von HTC-Biokohle zu verstärkter Hydrophobizität und somit zu verminderter Wasserhaltekapazität führt.

Insgesamt zeigte sich, dass die Anwendung von HTC-Biokohle analog zu anderen Bodenverbesserern das GPV durch Verminderung der TRD erhöht. Dabei steigt die FK an. Die gefundenen Unterschiede zwischen den HTC-Biokohlen sind vermutlich durch noch zu spezifizierende mikro- und makroskopische Eigenschaften bedingt.

## Zusammenfassung und Ausblick

In den vorliegenden Untersuchungen verbesserte HTC-Biokohle in praxisüblicher Ausbringungsmenge (30 t TM $ha^{-1}$) die Kationenaustauschkapazität, Aggregatbildung und Feldkapazität von Sandböden. Die positiven Effekte der HTC-Biokohlen auf bodenphysikalische Eigenschaften waren mit denen von Kompost vergleichbar.

Die Höhe der Wirkungen war von der Ausbringungsmenge und der HTC-Prozessführung (Inputmaterial, Dauer der Carbonisierung) abhängig. Der gefundene Einfluss der Prozessführung auf die bodenphysikalischen und -chemischen Eigenschaften weist auf Optimierungsmöglichkeiten hin. So bewirkt eine kurze Dauer der Carbonisierung offenbar HTC-Biokohlen mit höherer Wasserspeicherfähigkeit. Das Inputmaterial scheint für die Kationenaustauschkapazität von besonderer Bedeutung zu sein. Der Einfluss der Prozesstemperatur auf landbaulich bedeutsame Bodeneigenschaften ist noch ungeklärt und bedarf weiterer systematischer Untersuchungen.

Für eine umfassende Beurteilung der Eigenschaften und Potenziale von HTC-Biokohle sind insbesondere langfristige Untersuchungen unter Feldbedingungen erforderlich.

**Literatur**

Abel, S. 2011. Einfluss von Biochar auf bodenphysikalische Parameter. Masterarbeit, Humboldt-Universität zu Berlin in Kooperation mit Technische Universität Berlin, Berlin.

Bargmann, I., Kücke, M., Greef J.-M. 2012. Effekt von HTC-Biokohle auf Nährstoffhaushalt und Pflanzenwachstum. In: Initiativen zum Umweltschutz der Deutschen Bundesstiftung Umwelt (in Press).

Barzegar, A.R., Yousefi, A., Daryashenas, A. 2002. The effect of addition of different amounts and types of organic materials on soil physical properties and yield of wheat. Plant Soil 247:295–301.

BBodSchG. 1998. Bundes-Bodenschutzgesetz vom 17. März 1998 (BGBl. I S. 502), das zuletzt durch Artikel 5 Absatz 30 des Gesetzes vom 24. Februar 2012 (BGBl. I S. 212) geändert worden ist.

Busch, D., Kammann, C., Grünhage, L., Müller, C. 2011. Simple Biotoxicity Tests for Evaluation of Carbonaceous Soil Additives: Establishment and Reproducibility of Four Test Procedures. J Environ Qual, Special Section: Environmental Benefits of Biochar. doi: 10.2134/jeq2011.0122.

Gajić, A., Koch, H.-J. und Märländer, B. 2011. HTC-Biokohle als Bodenverbesserer – Erste Ergebnisse aus einem Feldversuch mit Zuckerrüben. Zuckerindustrie 136(12):791–799.

Gajić, A. und Koch, H.-J. 2012. Sugar Beet (*Beta vulgaris* L.) Growth Reduction Caused by Hydrochar Is Related to Nitrogen Supply. J Environ Qual, 41(4):1067–1075.

Gajić, A., Ramke, H.-G., Hendricks, A. und Koch, H.-J. 2012. Microcosm study on the decomposability of hydrochars in a Cambisol. Biomass Bioenergy (in Press).

Nelson, P.N. und Oades, J.M. 1998. Organic matter, sodicity, and soil structure. In: Sumner, M.E.; Naidu, R. (Hrsg.): Sodic Soils. Oxford University Press, New York, S. 51–75.

Ramke, H.-G. und Hendricks, A. 2012. Untersuchungen zur Charakterisierung von HTC-Biokohle im Hinblick auf die Eignung als Bodenhilfsstoff. Fachgespräch Feststoffuntersuchung: Trends und Tendenzen in der Abfall-, Boden- und Altlastenuntersuchung, 5./6. März 2012 im Essen.

Rillig, M.C., Wagner, M., Salem, M., Antunes, P.M., George, C., Ramke, H.-G., Titirici, M.M. und Antonietti, M. 2010. Material derived from hydrothermal carbonization, Effects on plant growth and arbuscular mycorrhiza. Appl Soil Ecol 45:238–242.

Sevilla, M., Antonio Macia-Agullo, J. und Fuertes, A.B. 2011. Hydrothermal carbonization of biomass as a route for the sequestration of CO(2): Chemical and structural properties of the carbonized products. Biomass Bioenergy 35(7):3152–3159.

Tisdall, J.M., Cockroft, B. und Uren, N.C. 1978. The stability of soil aggregates as affected by organic materials, microbial activity and physical disruption. Aust J Soil Res 16:9–17.

Titirici, M.M., Thomas, A. und Antonietti, M. 2007. Back in the black: hydrothermal carbonization of plant material as an efficient chemical process to treat the $CO_2$ problem? New J Chem 31(6):787–799.

# 6. Ackerbauliche Perspektive von HTC-Biokohle

## Einleitung

Die Hydrothermale Carbonisierung (HTC) vollzieht die natürliche Verkohlung von Bioabfällen technisch nach, die Konversion findet in wässriger Phase unter erhöhter Temperatur (180–250 °C) innerhalb weniger Stunden statt. Die entstehenden bräunlichen Bestandteile (HTC-Biokohle) können aufgrund ihres hohen Brennwertes entweder energetisch verwendet oder aufgrund ihrer humusähnlichen Eigenschaften (große aktive Oberfläche, poröse Struktur in Mikrometerbereich) (Tab. 1) zur Erhaltung der Bodenfruchtbarkeit auf Ackerflächen ausgebracht werden. Der Vorteil einer HTC im Vergleich zur konventionellen Behandlung von Bioabfällen wie beispielsweise der Kompostierung besteht darin, dass die HTC-Biokohlen höhere Gehalte an Kohlenstoff (C) aufweisen und während ihrer Herstellung weniger Treibhausgase (THG) entstehen. Die Energiebilanz zeigt, dass der HTC-Prozess exotherm verläuft, d.h. das Energie während der Konversion freigesetzt wird (Funke und Ziegler, 2011). Allerdings liegen Erfahrungen aus großtechnischen Anlagen zu Gesamtenergie- und Gesamtkohlenstoffbilanz noch nicht vor.

Wesentliche Anforderungen zur Bestimmung der allgemeinen Möglichkeiten von HTC sind die Gesamtenergiebilanz, die Auswirkung der HTC-Biokohle im Boden und eine systematische Analyse der Umweltwirkungen von HTC-Produkten (HTC-Biokohle, HTC-Prozesswasser) während des gesamten Lebensweges (Vorlop et al., 2009). In diesem Beitrag wird die Auswirkung der HTC-Biokohle im Boden in praxisrelevanter Anwendungsmenge betrachtet und in einer Übersicht von aktuellen Forschungsarbeiten zusammengefasst (Tab. 2).

*Tab. 1. Überblick der Eigenschaften von HTC-Biokohle*

| | Ausgangsmaterial | Eigenschaften von HTC-Biokohle: Hs MJ $kg^{-1}$ | C % | BET $m^2 g^{-1}$ | pH [] | Partikelgröße µm |
|---|---|---|---|---|---|---|
| Mumme et al., 2011 | Zellulose, Gärrest | 25–36 | 59–79 | ≤ 28 | 3–7 | 0,2–0,4 |
| Hoekman et al., 2011 | Kiefer & Tanne | 20–29 | 49–70 | | | |
| Heilmann et al., 2010 | Mikroalge | 31–32 | 58–73 | | | |
| Sevilla und Fuertes, 2009 | Zellulose | | 71–73 | ≤ 30 | | 2–10 |

*Hs = Brennwert, C % = Kohlenstoffgehalt, BET = Größe der Oberfläche*

Im Idealfall sollte eine ackerbauliche Anwendung von HTC-Biokohle bodenchemische und -physikalische Eigenschaften verbessern und somit zur Förderung des Pflanzenwachstums beitragen. Ohne Zweifel wünschenswert ist auch eine Verminderung von THG-Emission ($CO_2$, $CH_4$, $N_2O$) nach der Ausbringung von HTC-Biokohle im Boden. Die Auswirkung der HTC-Biokohle auf oben genannte Kenngroßen ist maßgeblich von der Prozessführung bei der HTC (Ausgangsmaterial,

Temperatur, Dauer) und der Ausbringungsmenge im Boden abhängig, so dass die Bewertung ihrer ackerbaulichen Perspektive nicht pauschal, sondern differenziert erfolgen sollte.

Obwohl der theoretische C-Anfall aus Biomasse bzw. Bioabfällen in Deutschland jährlich 47 Mio. t C beträgt, stehen nach Abzug technischer, ökologischer und nutzungskonkurrenzbedingter Beschränkungen lediglich 1,8 Mio. t C zur Verwertung für die HTC zur Verfügung (SCHUCHARDT und VORLOP, 2010). Unter der Prämisse, dass die C-Effizienz der HTC 90–100 % ausmacht (BRANDT, 2009), ließen sich mit dem HTC-Verfahren etwa 0,8 % des gesamten jährlichen $CO_2$-Ausstoßes in Deutschland (IWR 2010: 828 Mio. t) einsparen. Die durchschnittlichen Humusgehalte der mineralischen Oberböden (0–30 cm Tiefe) liegen in Deutschland unter Ackerland bei 1,3 % (0,8 % $C_{org}$) (in FUCHS et al., 2010), und könnten theoretisch durch die Ausbringung von HTC-Biokohle um 0,1 % pro Jahr erhöht werden.

## THG-Emission

Im Hinblick auf das Vermögen der HTC-Biokohle zur C-Sequestrierung im Boden spielt jedoch die Abbaubarkeit bzw. die Stabilität der C-Verbindungen der HTC-Biokohle eine wesentliche Rolle. Die HTC-Biokohle besteht neben stabileren auch aus leicht abbaubaren C-Anteilen, welche nach Einarbeitung im Boden durch mikrobielle Veratmung rasch umgesetzt und als $CO_2$ bzw. $CH_4$ freigesetzt werden (Tab. 2). Inkubationsversuche zur Bestimmung der Stabilität und damit der Verweildauer der HTC-Biokohle im Boden haben ergeben, dass die HTC-Biokohle je nach Prozessführung 4–29 Jahre im Boden überdauern kann. Allerdings wird diese Zeitdauer sehr wahrscheinlich unterschätzt, da die Inkubationsbedingungen meistens für mikrobiellen Umsatz optimal gestaltet waren. Somit liegt die mittlere Verweilzeit der HTC-Biokohle unter Feldbedingungen vermutlich höher. Die Menge des mit der HTC-Biokohle zugefügten C sowie deren mittlere Verweilzeit hängt stark von der Herstellung der HTC-Biokohle ab. Grundsätzlich hat sich gezeigt, dass je heißer bzw. länger die Carbonisierung verläuft desto kohlenstoffreicher bzw. stabiler ist die entstandene HTC-Biokohle im Boden, wobei der Effekt des Ausgangsmaterials von geringerer Bedeutung zu sein scheint. Weiterhin hat die Nutzung des Bodens einen Einfluss auf die Abbaustabilität der HTC-Biokohle. Diese ist deutlich stabiler in Waldböden als in Ackerböden. In Ackerböden wies HTC-Biokohle im Vergleich zu Weizenstroh eine mindestens fünfmal längere mittlere Verweilzeit auf. Ob HTC-Biokohle eine Perspektive zur dauerhaften C-Sequestrierung in Böden bietet, hängt von der Verweilzeit der stabilen C-Verbindungen ab, kann aber durch die bisher bekannten Kurzzeitstudien ($\leq$ 54 Wochen) nicht ausreichend abgeschätzt werden.

Die beobachtete erhöhte $N_2O$-Emission nach der Anwendung von HTC-Biokohle bedarf weiterer Untersuchungen hinsichtlich des ausgewählten Herstellungsprozesses.

Festzuhalten bleibt, dass eine Anwendung von HTC-Biokohle auf Ackerflächen die für die Energieerzeugung zunehmende Abfuhr von Ernterückständen kompensieren und somit zu einem ausgeglicheneren Humushaushalt im Sinne der „guten fachlichen Praxis“ beitragen könnte.

## Edaphon

Eine Anwendung von HTC-Biokohle erhöht die mikrobielle Aktivität: So wurde beobachtet, dass eine Ausbildung von Schimmel-, Hut- sowie arbuskulären Mykorrhizapilzen auf den behandelten Böden stattfand (Tab. 2). HTC-Biokohle hergestellt aus Hefen förderte das Pilzwachstum im Boden. Bei einer Verwendung von Glukose als Ausgangsmaterial wurde die Aktivität der gramnegativen Bakterien gesteigert. Unabhängig von der Anwendungsmenge wirkt sich eine HTC-Biokohle negativ auf die Regenwurmaktivität aus, was auf ein mögliches Vorhandensein von toxischen Substanzen hinweist. Die Frage, ob diese direkt aus der HTC-Biokohle stammen oder ob sie die metabolischen Produkte der ausgebildeten Mikroorganismen sind, bleibt offen.

## Bodeneigenschaften

Ein Einfluss von HTC-Biokohle auf Bodeneigenschaften konnte erst ab einer Menge von 30 t $ha^{-1}$ beobachtet werden (Tab. 2). Hier nahm die Wasserhaltekapazität zu, so dass in niederschlagsarmen Zeiten zusätzliches Wasser den Pflanzen zur Verfügung stünde. Allerdings verschiebt sich die Zone des maximalen Wasserentzugs im Vegetationsverlauf in größere Bodentiefen, wodurch eine wirksame Verbesserung des Wasserangebotes für die Pflanzen durch die Einarbeitung von HTC-Biokohle in Oberboden nicht zu erwarten ist. Umgekehrt nahm die Luftkapazität nach der Ausbringung von HTC-Biokohle in Abhängigkeit vom Ausgangsmaterial mehr oder weniger stark ab, was anaerobe Bedingungen begünstigte und zu einer erhöhten $N_2O$- und $CH_4$-Emission führen kann. Die Förderung der mikrobiellen Aktivität durch die Anwendung von HTC-Biokohle wirkte kurzfristig positiv auf die Aggregatstabilität, was zu einer Abnahme der Erosionsanfälligkeit der Böden führen kann. Obwohl die HTC-Biokohle einen niedrigen pH-Wert aufwies, kam es nach der Ausbringung zu einer Erhöhung des pH-Wertes im Boden. Der Protonen-Verbrauch in Kombination mit der beobachteten erhöhten Emission von $N_2O$ könnte einen Hinweis auf Denitrifikationsprozesse geben.

*Tab. 2. Zusammenfassung aktueller Ergebnisse aus dem HTC-Biokohle-Forschungsbereich*

| | In: | KAMMANN et al., 2011 | STEINBEISS et al., 2009 | QAYYUM et al., 2011 | GAJIĆ et al., 2012[a] | ABEL, 2010 | GAJIĆ et al., 2012[b] | | RILLIG et al., 2010 | BARGMANN et al., 2012 | BUSCH et al., 2011 | GAJIĆ und KOCH, 2012 | |
|---|---|---|---|---|---|---|---|---|---|---|---|---|---|
| | Ausgangs-material | RS, Rinde | Glukose Hefe | Rinde | RS, BT | Mais-silage | RS, BT | | RS | RS, BT | RS | RS, BT | |
| | Versuch | L | L | L | L | L | F | L | L | G | L | F | G |
| | Dauer (w) | | 26 | 54 | 35 | | | | | 6 | | 22 | 4 |
| | Menge: Gew.–%<br>In 0–15 cm: t $ha^{-1}$ | 8 | ? | 2,2 | 1,3<br>30 | 0–5 | 0,4<br>10 | 2,6<br>60 | 0–80<br>Vol.–% | 0–10 | 0–32 | 0,4<br>10 | 1,3<br>30 |
| **THG-Emission** | $CO_2$ | + | + | + | + | | | | | | | | |
| | $CH_4$ | + | | | | | | | | | | | |
| | $N_2O$ | + | | | | | | | | | | | |
| | Mittlere Verweilzeit | | 4–29 | 9–27 | 5–8 | | | | | | | | |
| **Eda-phon** | Bodenflora | + | + | | | + | | | + | + | | | |
| | Bodenfauna | | | | | | | | | | – | | |
| **Boden** | Feldkapazität | | | | | + | 0 | + | | | | | |
| | Luftkapazität | | | | | | 0 | – | | | | | |
| | Aggregatstabilität | | | | | | 0 | + | | | | | |
| | Kationenaus-tauschkapazität | | | | | | 0 | + | | | | | |
| | pH-Wert | | | | | | 0 | + | + | | | | |
| | N-Verfügbarkeit | | | – | | | | | | – | | –0 | –0 |
| **Pflanzen** | Keimung | | | | | | | | – | – | – | | |
| | Wachstum | | | | | | | | – | ± | – | –0 | –0 |
| | N-Aufnahme | | | | | | | | | – | – | –0 | –0 |

*Effekt von HTC-Biokohle gegenüber der unbehandelten Kontrolle in Feld- (F), Labor- (L) und Gewächshaus (G): erhöhend (+), vermindernd (–), unverändert (0), kurzfristig vermindernd (–0), pflanzenartspezifisch erhöhend oder vermindernd (±); RS = Rübenschnitzel; BT = Biertreber*

## Pflanzenwachstum

Ganz wesentlichen Einfluss nimmt eine HTC-Biokohle-Anwendung auf das C/N Verhältnis im Boden. Bei einem C/N-Verhältnis von ≤ 20–25 wird bei der Umsetzung der organischen Substanz mehr N freigesetzt, als die Mikroorganismen für ihren Stoffwechsel benötigen (N-Mineralisierung), oberhalb dieses Wertes nehmen sie jedoch mineralischen N aus dem Boden auf, der den Pflanzen dann nicht mehr zur Verfügung steht (N-Immobilisierung). Aufgrund des leicht abbaubaren C-Anteils der HTC-Biokohle kam es jedoch auch zu einer N-Immobilisierung, selbst wenn HTC-Biokohlen mit einem engen C/N-Verhältnis (16) ausgebracht wurden. Wenn die Kulturpflanzen unmittelbar nach der Einarbeitung von HTC-Biokohle angebaut werden, ist mit verminderter N-Verfügbarkeit bzw. -Aufnahme zu rechnen (Tab. 2).

In welchem Ausmaß dies das Pflanzenwachstum (kurzfristig) negativ beeinflussen wird, hängt von der Ausbringungsmenge, dem Ausgangsmaterial (C/N-Verhältnis der HTC-Biokohle), dem applizierten N und dem N-Bedarf der Pflanze ab. Die Remineralisation des temporär festgelegten N führt im Verlauf der Vegetation zum Ausgleich des Pflanzenertrages sowie zum Anstieg des N in den Pflanzen (GAJIĆ et al., 2011). Dies bedeutet, dass durch die HTC-Biokohle die Qualität des Erntegutes sowohl steigen (Getreide) als auch sinken (Zuckerrüben) könnte. Die HTC-Biokohle wies geringe lösliche und damit pflanzenverfügbare Nährstoffgehalte auf. Deswegen ist nicht von einer direkten Düngerwirkung der Hauptnährstoffe N, P und K auszugehen (BARGMANN et al., 2012). Im Zeitverlauf können jedoch durch den Abbau der HTC-Biokohle die enthaltenen Nährstoffe freigesetzt werden. Überdies kann durch die geförderte Mykorrhizierung nach der Einarbeitung von HTC-Biokohle, die Wasser-, Stickstoff- und Phosphat-Versorgung der Pflanzen verbessert werden, was vor allem an humusarmen Standorten von Vorteil sein kann. Denkbar ist auch, dass die bis zu 40 % erhöhte Kationenaustauschkapazität im Boden nach der Anwendung von HTC-Biokohle zu einer verbesserten Nährstoffpufferung beitragen könnte. Über die eventuellen Schadstoffe von HTC-Biokohle ist wenig bekannt, die beobachtete Verzögerung der Keimung sollte ausführlich untersucht werden.

## Ausblick

In Deutschland gibt es derzeit keine rechtlichen Regelungen (DÜMV, 2008; BIOABFV, 1998, ABFKLÄRV, 1992), die eine Ausbringung von HTC-Biokohle auf den Boden erlauben. Außerdem besteht eine große Diskrepanz zwischen dem durch die Gesellschaft geförderten Forschungsbedarf und der Möglichkeit, großtechnische Anlagen für die HTC-Biokohle-Herstellung zu realisieren.

Obwohl die ersten Ergebnisse noch nicht überzeugen, sind insbesondere die langfristigen Effekte der Ausbringung von HTC-Biokohlen in praxisreleventen Mengen auf Ackerböden von großem Interesse und sollten unbedingt Gegenstand weiterer Untersuchungen sein.

*Abb. 1. Zuckerrüben- bzw. Pilzwachstum nach HTC-Biokohle-Ausbringung im Feld*

Weiterhin weist HTC-Biokohle günstige Eigenschaften für die Herstellung von Blumenerden und Pilzanbausubstraten auf. Da die deutschen Torfvorräte in 20 bis 30 Jahren erschöpft sein werden und durch den Torfabbau wertvolle, zu schützende Lebensräume (Hoch- und Niedermoor) unwiederbringlich verloren gehen, ist zu überlegen, ob die HTC-Biokohle möglicherweise als Torfersatzstoff besser geeignet wäre als Kompost. Vor diesem Hintergrund sind die gezeigten Wirkungen von HTC-Biokohle unabhängig von der Verwendung und der Ausbringungsmenge von größter Bedeutung.

Durch die Optimierung des Herstellungsprozesses und die Auswahl eines geeigneten Ausgangsmaterials, könnte die Anwendung von HTC-Biokohle als Bodenverbesserer und Bodensubstrat in der Praxis etabliert werden und einen wesentlichen klimapolitisch positiven Beitrag leisten.

# 7. Zusammenfassung

Durch Hydrothermale Carbonisierung (HTC) von Bioabfällen erzeugte HTC-Biokohlen (C-Gehalt 50–55 %) bieten – bei Einarbeitung in den Boden – ein Potenzial zur Erhaltung der Fruchtbarkeit. Ziel dieser Studie war es, die Effekte verschiedener HTC-Biokohlen (Ausgangsmaterial: Rübenschnitzel (RS), Biertreber (BT); Prozessführung: Temperatur 180–250 °C, Dauer 4–12 h) in praxisüblichen Mengen (Feld 10 bzw. Mikrokosmos 30 t $ha^{-1}$) auf ackerbaulich bedeutsame Kenngrößen ($CO_2$-Freisetzung; Gesamtporenvolumen (GPV); Wasserhaltekapazität (WHK); Aggregatstabilität (AS); pH-Wert; elektrische Leitfähigkeit (EC); Kationenaustauschkapazität (KAK); N-Versorgung; Pflanzenwachstum) zu quantifizieren.

Die HTC-Biokohle förderte die $CO_2$-Freisetzung aus dem Boden, die im Zeitverlauf exponentiell sank. Eine hohe Temperatur sowie eine lange Dauer der HTC führten zu einer deutlich abbaustabileren HTC-Biokohle, wobei kein Effekt des Ausgangsmaterials auftrat. Die errechnete mittlere Verweilzeit der HTC-Biokohle im Boden (5–8 Jahre) lag zwischen der von Weizenstroh und Fertigkompost.

Ein Einfluss von HTC-Biokohle in einer Menge von 10 t $ha^{-1}$ auf Bodeneigenschaften wurde nicht festgestellt. Ab 30 t $ha^{-1}$ zeigte sich, dass HTC-Biokohle das GPV des Bodens vergrößerte, was zur Erhöhung der WHK um 3 Vol.–% führte. Bei kurzer Dauer der HTC bzw. RS als Ausgangsmaterial zeigte der behandelte Boden eine höhere WHK. HTC-Biokohle steigerte die AS des Bodens. Als mögliche Folge mikrobieller Stoffumsetzungen stieg der pH-Wert im Boden trotz eines niedrigen Ausgangswertes (pH 4–5) an, die EC sank. HTC-Biokohle aus RS erhöhte die KAK des Bodens um 40 %, was zu einer verbesserten Nährstoffpufferung beitragen könnte.

Unmittelbar nach der HTC-Biokohle-Anwendung wurden Zuckerrüben bei unterschiedlichen N-Gaben angebaut. Der Feldaufgang wurde nicht beeinflusst, jedoch bei niedriger N-Gabe und insbesondere bei HTC-Biokohle aus RS (C/N 38) wurde ein stark vermindertes Jugendwachstum festgestellt. Eine hohe N-Gabe kompensierte dies vollständig. HTC-Biokohle aus BT (C/N 16) steigerte den N-Gehalt im Boden ($N_{min}$) sowie in den Pflanzen signifikant. Grund für das schwache Jugendwachstum war demnach verminderte N-Verfügbarkeit, vermutlich als Folge mikrobieller N-Immobilisierung. Zur Endernte war der Ertrag nur dann vermindert, wenn HTC-Biokohle aus RS und kein N appliziert wurde.

Um aus der möglichen N-Immobilisierung ökologische Vorteile zu ziehen, sollte HTC-Biokohle terminlich und standortbezogen optimiert angewendet werden. Die Effekte der unterschiedlichen Prozessführung bei der HTC weisen auf Optimierungsmöglichkeiten hin. Bei entsprechender

Herstellung kann die Anwendung von HTC-Biokohle den Gehalt an organischer Substanz im Boden erhöhen und weitere Bodeneigenschaften nachhaltig verbessern. Weitere systematische Untersuchungen, vor allem langfristiger Effekte unter Feldbedingungen, sind nötig.

# 8. Literatur

Das Literaturverzeichnis bezieht sich auf die verwendeten Literaturquellen in den Kapiteln „Einleitung" und „Ackerbauliche Perspektive von HTC-Biokohle". Literaturangaben in den Artikeln sind nach entsprechender Zeitschriftenanweisung am Ende jeden Artikels zu finden.

ABEL, S. (2011): Einfluss von Biochar auf bodenphysikalische Parameter. Masterarbeit, Humboldt-Universität zu Berlin in Kooperation mit Technische Universität Berlin, Berlin.

ABFKLÄRV (1992): Klärschlammverordnung vom 15. April 1992 (BGBl. I S. 912), die zuletzt durch Artikel 5 Absatz 12 des Gesetzes vom 24. Februar 2012 (BGBl. I S. 212) geändert worden ist.

BARGMANN, I., M. KÜCKE, J.-M. GREEF (2012): Effekt von HTC-Biokohle auf Nährstoffhaushalt und Pflanzenwachstum. In: Initiativen zum Umweltschutz der Deutschen Bundesstiftung Umwelt (in Press).

BBODSCHG (1998): Bundes-Bodenschutzgesetz vom 17. März 1998 (BGBl. I S. 502), das zuletzt durch Artikel 5 Absatz 30 des Gesetzes vom 24. Februar 2012 (BGBl. I S. 212) geändert worden ist.

BIOABFV (1998): Bioabfallverordnung vom 21. September 1998 (BGBl. I S. 2955), die durch Artikel 4 der Verordnung vom 23. April 2012 (BGBl. I S. 611) geändert worden ist.

BRANDT, P. (2009): Die Hydrothermale Carbonisierung: Eine bemerkenswerte Möglichkeit, um die Entstehung von $CO_2$ zu minimieren oder gar zu vermeiden? J Verbr Lebensm 4, 151–154.

BUSCH, D., C. KAMMANN, L. GRÜNHAGE, C. MÜLLER. (2011): Simple biotoxicity tests for evaluation of carbonaceous soil additives: Establishment and reproducibility of four test procedures. J Environ Qual. 10.2134/ jeq2011.0122.

DÜMV (2008): Düngemittelverordnung vom 16. Dezember 2008 (BGBl. I S. 2524), die zuletzt durch Artikel 3 der Verordnung vom 23. April 2012 (BGBl. I S. 611) geändert worden ist.

FNR (Fachagentur für Nachwachsende Rohstoffe) (2011): Grafik Anbau nachwachsender Rohstoffe in Deutschland. Zugriff am 15.03.2012 auf http://mediathek.fnr.de/media/catalog/product/cache/1/image/9df78eab33525d08d6e5fb8d27136e95/f/n/fnr510_grafik_anbau_2011_72_rgb_1.jpg.

FUCHS, M., J. UTERMANN, R. HOFFMANN (2010): Regionalisierung von organischem Kohlenstoff in Böden Deutschlands – eine Annäherung. Beitrag zur Fachtagung FOSSGIS, Osnabrück, 2.–5. März 2010.

FUERTES, A.B, M. ARBESTAIN, M. SEVILLA, J.A. MACIA-AGULLO, S., FIOL, R. LOPEZ, ET AL. (2010): Chemical and structural properties of carbonaceous products obtained by pyrolysis and hydrothermal carbonisation of corn stover. Aust J Soil Res 48 (6–7), 618–626.

FUNKE, A. und ZIEGLER, F. (2011): Heat of reaction measurements for hydrothermal carbonization of biomass. Bioresource Technol 102, 7595–7598.

GAJIĆ, A., H.-J. KOCH, B. MÄRLÄNDER (2011): HTC-Biokohle als Bodenverbesserer – Erste Ergebnisse aus einem Feldversuch mit Zuckerrüben. Zuckerindustrie 136 (12), 791–799.

GAJIĆ, A. und KOCH, H.-J. (2012) Sugar Beet (*Beta vulgaris* L.) Growth Reduction Caused by Hydrochar Is Related to Nitrogen Supply. J Environ Qual 41(4), 1067–1075.

GAJIĆ, A., H.-G. RAMKE, A. HENDRICKS, H.-J. KOCH (2012a): Microcosm study on the decomposability of hydrochars in a Cambisol. Biomass Bioenergy (in Press).

GAJIĆ, A., B. MÄRLÄNDER, H.-J. KOCH (2012b): Wirkung von HTC-Biokohle auf physikalische Bodeneigenschaften, $CO_2$-Freisetzung und Pflanzenwachstum. In: Initiativen zum Umweltschutz der Deutschen Bundesstiftung Umwelt (in Press).

GLASNER, C., G. DEERBERG, H. LYKO (2011): Hydrothermale Carbonisierung: Ein Überblick. Chem Ing Tech 83(2), 1–13.

HEILMANN, S.M., DAVIS H., JADER L.R., LEFEBVRE P.A., SADOWSKY M.J., SCHENDEL F.J., ET AL. (2010): Hydrothermal carbonization of microalgae. Biomass Bioenergy 34(6), 875–882.

HOEKMAN, S.K., A. BROCH, C. ROBBINS (2011): Hydrothermal Carbonization (HTC) of Lignocellulosic Biomass. Energy Fuels 25(4), 1802–1810.

IWR (Internationales Wirtschaftsforum Regenerative Energien) (2010): IWR Research, BP Statistical Review, Bundesministerium für Wirtschaft.

KAMMANN, C., S. RATERING, C. ECKHARD, C. MÜLLER (2011): Biochar and Hydrochar Effects on Greenhouse Gas (Carbon Dioxide, Nitrous Oxide, and Methane) Fluxes from Soils. J Environ Qual. doi: 10.2134/jeq2011.0132.

LIBRA, J.A., K.S. RO, C. KAMMANN, A. FUNKE, N.D. BERGE, Y. NEUBAUER, M.M. TITIRICI, C. FÜHNER, O. BENS, J. KERN, K.H. EMMERICH (2011): Hydrothermal carbonization of biomass residuals: A comparative review of the chemistry, processes and applications of wet and dry pyrolysis. Biofuels 2, 71–106.

MUMME, J., L. ECKERVOGT, J. PIELERT, M. DIAKITE, F. RUPP, J. KERN (2011): Hydrothermal carbonization of anaerobically digested maize silage. Bioresout Technol 102(19), 9255–9260.

NEUBAUER, Y. und BEHRENDT, F. (2007): Biomass to liquids (BtL) – prinzipielle Möglichkeiten und derzeitige Entwicklungstendenzen für die Gewinnung von Kraftstoffen aus Biomasse. Forum TTN Technik Theologie Naturwissenschaften H. 17, Herbert Utz Verlag, 18–32.

QAYYUM M.F., D. STEFFENS, H.P. REISENAUER, S. SCHUBERT (2011): Kinetics of Carbon Mineralization of Biochars Compared with Wheat Straw in Three Soils. J Environ Qual. doi: 10.2134/jeq2011.0058.

RAMKE H.-G. und BLÖHSE, D. (2010): Analytik von Biokohle aus Hydrothermaler Carbonisierung von Biomasse. Beitrag zur Fachtagung in der Bildungsstätte Essen des BEW Bildungszentrum für Entsorgungs- und Wasserwirtschaft GmbH, Essen, 08./09. Februar 2010.

RICHTLINIE 2009/28/EG DES EUROPÄISCHEN PARLAMENTS UND DES RATES vom 23. April 2009 zur Förderung der Nutzung von Energie aus erneuerbaren Quellen und zur Änderung und anschließenden Aufhebung der Richtlinien 2001/77/EG und 2003/30/EG.

RILLIG, M.C., M. WAGNER, M. SALEM, P.M. ANTUNES, C. GEORGE, H.-G. RAMKE, M.M. TITIRICI, M. ANTONIETTI (2010): Material derived from hydrothermal carbonization, Effects on plant growth and arbuscular mycorrhiza. Appl Soil Ecol 45, 238–242.

SCHUCHARDT, F. und VORLOP, K.-D. (2010): Abschätzung des Aufkommens an Kohlenstoff in Biomasse-Reststoffen in Deutschland für eine Verwertung über Hydrothermale Carbonisierung (HTC) und Einbringung von HTC-Kohle in den Boden. Landbauforsch VTI AG 60(4), 205–212.

SEVILLA, M. und FUERTES, A.B. (2009): Chemical and Structural Properties of Carbonaceous Products Obtained by Hydrothermal Carbonization of Saccharides. Chem Eur J 15(16), 4195–4203.

SEVILLA, M., J.A. MACIA-AGULLO, A.B. FUERTES (2011): Hydrothermal carbonization of biomass as a route for the sequestration of CO(2): Chemical and structural properties of the carbonized products. Biomass Bioenergy 35(7), 3152–3159.

STEINBEISS, S., G. GLEIXNER, M. ANTONIETTI (2009): Effect of biochar amendment on soil carbon balance and soil microbial activity. Soil Bio Biochem 41(6),1301–1310.

TITIRICI, M.M., A. THOMAS, M. ANTONIETTI (2007): Back in the black: hydrothermal carbonization of plant material as an efficient chemical process to treat the $CO_2$ problem? New J Chem 31(6), 787–799.

VORLOP, K.-D., F. SCHUCHARDT, U. PRÜßE (2009): Hydrothermale Carbonisierung - Analyse und Ausblick. Gülzower Fachgespr 33, 64–73.

## Weitere Publikationen und Vorträge

### Artikel in Tagungsbänden und Zeitschriften

GAJIĆ, A. und KOCH, H.-J. (2010): Effect of HTC-biochar on crop growth. Mitt Ges Pflanzenbauwiss 22, 237–238.

GAJIĆ, A. und KOCH, H.-J. (2011): Sind negative Effekte von HTC Biokohle auf das Zuckerrübenwachstum durch eine verminderte Stickstoffverfügbarkeit bedingt? Mitt Ges Pflanzenbauwiss 23, 24–25.

### Vorträge und Poster

GAJIĆ, A. und KOCH, H.-J.: Effect of HTC-biochar on crop growth, 53. Jahrestagung der GPW, 28.–30.09.2010, Hohenheim.

GAJIĆ, A.: HTC-Biokohle als Bodenverbesserer – erste Erfahrungen am Beispiel der Zuckerrübe 10. Göttinger Zuckerrübentagung, 01.09.2011, Göttingen.

GAJIĆ, A.: Einfluss von Inputmaterial und Prozessführung auf die $CO_2$-C-Freisetzung aus HTC-Biokohle. Jahrestagung der Deutschen Bodenkundlichen Gesellschaft, 3.–9.09.2011, Berlin.

GAJIĆ, A.: Short-term study on the decomposability of hydrochars in soil. European Biochar Symposium, 26.–27.09.2011, Halle.

GAJIĆ, A.: Sind negative Effekte von HTC-Biokohle auf das Zuckerrübenwachstum durch eine verminderte Stickstoffverfügbarkeit bedingt? 54. Jahrestagung der GPW, 27.–29.09.2011, Kiel.

GAJIĆ, A.: Wirkung von HTC-Biokohle auf bodenphysikalische Eigenschaften, $CO_2$-Freisetzung und Pflanzenwachstum. Hydrothermale Carbonisierung von Biomasse – Ergebnisse und Perspektiven. Deutsche Bundesstiftung Umwelt, 20.12.2011, Osnabrück.

## Danksagung

Herrn Prof. Dr. Bernward Märländer danke ich recht herzlich für die Überlassung des Themas, die Übernahme des Referates, die vielfältige Unterstützung bei der Anfertigung dieser Arbeit, sowie der Möglichkeit an vielen Veranstaltungen und Doktorandenexkursionen teilnehmen zu können. Herrn Prof. Dr. Klaus Dittert danke ich für die bereitwillige Übernahme des Korreferates.

Besonders möchte ich Herrn Dr. Heinz-Josef Koch für intensive Diskussionen, kritische und konstruktive Anregungen und die Durchsicht meiner Arbeit Dank aussprechen.

Allen Mitarbeitern des Instituts für Zuckerrübenforschung, danke ich für die hervorragende Zusammenarbeit und die nette Arbeitsatmosphäre. Für die Betreuung der Feldversuche und die Unterstützung bei den umfangreichen Analysen sei besonders Ines Wiese, Wilfried Hübener und Michael Gerhardy gedankt. Allen Mitdoktoranden und Postdoktoranden, besonders aus der Pflanzenbauabteilung, danke ich für die angenehme Zeit und das bereitwillige Korrekturlesen meiner Schreiben. Bei Anneke Behn, Mareen Gollnow, Annett Gummert, Holger Lemme und Sebastian Liebe bedanke ich mich für die vorbehaltlose Freundschaft.

Der Deutschen Bundesstiftung Umwelt danke ich für die finanzielle Unterstützung des Projektes. Ebenso bedanke ich mich bei den Kollegen aus dem Projekt für die gute Zusammenarbeit.

Den Zeitschriften „Zuckerindustrie“, „Journal of Environmental Quality“, „Biomass and Bioenergy“, und „Deutsche Bundesstiftung Umwelt – Initiativen zum Umweltschutz“ danke ich für die Erlaubnis herausgebrachte Artikel als kumulative Dissertation veröffentlichen zu dürfen.

Meinen Eltern danke ich für Finanzierung des Studiums – dem Grundstein dieser Arbeit. Von Herzen danke ich meinem Ehemann Ivan, der mir den notwendigen Rückhalt in dieser arbeitsintensiven Zeit gegeben hat.

## Lebenslauf

Ana Gajić

geboren am 14/02/1981 in Bečej, Serbien.

**Schulische Ausbildung**

| | |
|---|---|
| 1987–1995 | Sever Đurkić Grundschule, Bečej, Serbien |
| 1995–1999 | Gymnasium, Bečej, Serbien<br>Abschluss: Abitur |

**Studium**

| | |
|---|---|
| 1999–2003 | Landwirtschaftliche Fakultät in Novi Sad, Serbien<br>Bachelorstudium: Ackerbau und Gemüseanbau<br>Abschluss: Diplom-Agraringenieurin |
| 2003–2007 | Landwirtschaftliche Fakultät in Novi Sad, Serbien<br>Masterstudium: Bodenkunde<br>Abschluss: Master of Science |
| 2009–2012 | Georg-August-Universität Göttingen<br>Promotionsstudiengang Agrarwissenschaften |

**Praktika**

| | |
|---|---|
| 06–11/2008 | Nordzucker AG, Werk Nordstemmen – Rübenmanagement |
| 05–07/2012 | YARA GmbH, Dülmen – Institut für Pflanzenernährung und Umweltschutz |

**Berufliche Tätigkeit**

| | |
|---|---|
| 2004–2007 | Assistentin am Lehrstuhl Bodenkunde der Landwirtschaftlichen Fakultät, Universität in Novi Sad, Serbien |
| 2009–2012 | Wissenschaftliche Mitarbeiterin am Institut für Zuckerrübenforschung in Göttingen |